Joachim Dressel · Manfred Griehl
Fritz X. Zobel · Jakob Maria Mathmann

DEUTSCHE STURZKAMPFFLUGZEUGE

Joachim Dressel · Manfred Griehl
Fritz X. Zobel · Jakob Maria Mathmann

DEUTSCHE STURZKAMPF-FLUGZEUGE

DÖRFLER
ZEITGESCHICHTE

QUELLEN:

Joachim Dressel, Manfred Griehl, DEUTSCHE STURZKAMPFFLUGZEUGE JU 87 · JU 88
Bildnachweis: Archiv Arena, Archiv W. Radinger, Archiv Verfasser, Bundesarchiv Koblenz, Archiv des DAeC, Deutsches Studienbüro für Luftfahrt H. Herwig, Deutsche Lufthansa, B. Lange, R. P. Lutz, P. Matthiesen, F. Müller-Romminger, P. Petrick, Schliephake, F. Selinger, W. Wittigeyer, R. Zobel
Quellen: Roderich Cescotti – Kampfflugzeuge und Aufklärer, Koblenz 1989; Joachim Dressel – Stuka! Warbird fotofax, London 1989; Brian Filley – Ju 87 Stuka in action, Band 73, Texas 1986; Kyrill von Gersdorf – Flugmotoren und Strahltriebwerke, 2. Auflage, Koblenz 1985; Manfred Griehl – Flugzeuge gegen Panzer, Sonderband 16, Friedberg 1990; Manfred Griehl – Junkers Ju 88, Star of the Luftwaffe, London 1990; Bruno Lange – Typenhandbuch der deutschen Luftfahrttechnik, Koblenz 1986; Peter C. Smith – Dive Bombers in Action, London 1985; Ernst Zindel – Die Geschichte und Entwicklung des Junkers Flugzeugbaus von 1910 bis 1945; DLR-Mitteilung 79-01, Köln 1979; Denkschrift über die Fertigung des Baumusters Ju 87 bei der „Weser" Flugzeugbau GmbH, Bremen 1941; Flugzeug-Teilliste „J" Ju 87 A, Dessau 1938; Flugzeugentwicklungsprogramm vom 1. 10. 1936; Archiv Verfasser

Fritz X. Zobel, Jakob Maria Mathmann, DEUTSCHE JUNKERS JU 87 IM EINSATZ
Bildnachweis: Bildarchiv Forschungsgruppe Luftfahrtgeschichte e. V., Luftfahrt Bild- und Informationsdienst J. Dressel, Luftfahrtarchiv M. Griehl (LAG), Archiv H. J. Nowarra (+), Archiv F. Selinger, Archiv W. Radinger, Archiv B. Filley, Archiv A. Sensenmeyer, Archiv Dr. Koos, Archiv R. L. Ward
Quellen: Roderich Cescotti – Kampfflugzeuge und Aufklärer, Koblenz 1989; Joachim Dressel – Stuka! Warbird fotofax, London 1989; Joachim Dressel – Deutsche Sturzkampfflugzeuge, Waffen-Arsenal Band 133, Friedberg 1992; Brian Filley – Ju 87 Stuka in action, Squadron Nr. 73, Carrollton 1986; Kyrill von Gersdorf – Flugmotoren und Strahltriebwerke, 2. Auflage, Koblenz 1985; Manfred Griehl – Flugzeuge gegen Panzer, Waffen-Arsenal Sonderband 16, Friedberg 1990; Manfred Griehl – Junkers Ju 87 A, Flugzeug Profile 8, Illertissen 1991; Bruno Lange – Typenhandbuch der deutschen Luftfahrttechnik, Koblenz 1986; Archiv Forschungsgruppe Luftfahrtgeschichte e. V.

Manfred Griehl, Joachim Dressel, FLUGZEUGE GEGEN PANZER
Bildnachweis: Archiv B. Lange; Archiv Nowarra; Archiv der Forschungsgruppe Luftfahrtgeschichte e. V. Mainz; Bundesarchiv Freiburg; Deutsches Museum, München; Heinkel-Archiv; IWM-London; Luftarchiv; Messerschmitt-Bölkow-Blohm; NASM-Washington; Sammlung Filley; Sammlung Kössler; Sammlung Petrick; Sammlung Radinger; Sammlung Spork; Sammlung Selinger; Archive des Verfassers.
Quellen: G. Aders/W. Held, „Stukas, Jagdbomber, Schlachtflieger"; C. Bekker, „Angriffshöhe 400"; G. Brütting, „Das waren die deutschen Stuka-Asse 1939-1945"; F. von Bülow, „Geschichte der Luftwaffe"; R. Cescotti, „Kampfflugzeuge und Aufklärer"; E. Creek, „Jet Planes of the Third Reich"; O. Hahn, „Deutsche Geheimwaffen 1939-1945"; D. Irving, „Die Tragödie der deutschen Luftwaffe"; B. Lange, „Typenhandbuch der deutschen Luftfahrttechnik"; M. Pegg, „Luftwaffe Ground Attack Units 1939-1945"; F. von Poturzyn, „Luftmacht".

Genehmigte Lizenzausgabe für „Edition DÖRFLER" im
NEBEL VERLAG GmbH, Utting

ISBN 3-89555-052-3

1 2 3 4 5 6 5 4 3 2

INHALT

Joachim Dressel · Manfred Griehl

DEUTSCHE STURZKAMPFFLUGZEUGE JU 87 · JU 88

EINFÜHRUNG

Das Sturzkampfflugzeug, kurz Stuka genannt, war keine Erfindung der deutschen Luftwaffenführung. Jedoch erkannte das RLM schon früh die taktischen Möglichkeiten, mittels des Sturzangriffs eine Abwurfwaffe – ohne hohen Aufwand an Visiereinrichtungen – treffsicher ins Ziel zu lenken. Möglich war dies aber nur bei eigener Lufthoheit, eine Erkenntnis, welche sich bereits in der "Luftschlacht um England" deutlich zeigen sollte. Die Entwicklung zum Stuka war indessen Ende der zwanziger Jahre vorgezeichnet. Den Sturzflug als taktisches Angriffsverfahren hatte die Reichswehr mit der Junkers K 47/A 48 in Lipezk erprobt. Für die Heinkel He 50, ursprünglich als zweisitziger Stuka He 50aW mit Schwimmern in Doppeldeckerbauweise für die japanische Marine konstruiert (eine als He 50 D bezeichnete Maschine wurde 1931 an Japan abgeliefert), wurde über das RVM (Reichsverkehrsministerium) ein Serienauftrag erteilt. Die Mehrzweckflugzeuge He 50 A – C und G mit unverkleidetem Fahrwerk waren aber nur eine Vorstufe auf dem Weg zum Stuka im Sinne des RLM (siehe auch WA-Sonderband S-16).

Im Sommer 1933 hatte das Technische Amt einen Zweistufenplan zur weiteren Entwicklung des Sturzbombers in Kraft gesetzt. In der ersten Stufe wurde sofort ein einsitziger Ganzmetall-Doppeldecker gefordert. Das Ergebnis waren die Fiesler Fi 98 (ein Entwurf auf der Basis der beiden von Ernst Udet im Spätsommer 1933 erworbenen Curtiss Export Hawk (D-IRIK, D-IRIS), sowie die Henschel Hs 123. Beide Flugzeuge führten im ersten Halbjahr 1935 ihren Erstflug durch. In der zweiten Stufe verlangte das RLM ein zweisitziges Flugzeug fortschrittlicher Konstruktion mit Sturzflugbremsen. Das Pflichtenheft, es beschreibt die gesetzten Anforderungen an das neue Flugzeug, lag aber erst im Januar 1935 vor und orientierte sich sehr stark an der bereits im Bau befindlichen Ju 87. Die Firma Heinkel antwortete darauf mit der aerodynamisch hervorragenden He 118, während Arado den Doppeldecker Ar 81 anbot. Dr. Richard Vogt, inzwischen bei Blohm & Voß, legte seinen einsitzigen Entwurf der Ha 137 vor. Die Entscheidung fiel schließlich zugunsten der Ju 87 aus.

Neben diesen reinen Stukas stellte das RLM aber auch die Forderung der Sturzflugtauglichkeit an zweimotorige Kampfflugzeuge, welche ebenfalls Gegenstand des vorliegenden Heftes werden sollen.

Ernst Udet in seiner "Hawk" (D-IRIK).

Oben: Die He 50 A mit Siemens "Jupiter"-Sternmotor.

Unten: Der Sturzkampfbomber He 50 B mit SMA 322 (D-IMMA).

Infolge des Versailler Vertrages war der militärische Flugzeugbau in Deutschland verboten. Dipl-Ing. Plauth und Hermann Pohlmann konstruierten daher 1928 bei den A.B. Flygindustri in Linhamm in Schweden die Junkers K 47. Sie war als Jagdflugzeug in Ganzmetall-Bauweise mit zwei Sitzen konzipiert. Angetrieben wurde die Maschine zumeist durch einen BMW "Hornet"- oder einen Bristol "Jupiter VII"-Motor.
Lediglich das erste Versuchsmuster verfügte über ein Zentralleitwerk und Spannkabel anstelle der Flügelstrebe. Bedingt durch die Abwehrbewaffnung, ein Einzel- oder Doppel-MG in Wiegenlafette, wurde ein neues Endscheiben-Leitwerk notwendig. Die Wiegenlafette ermöglichte ein senkrechtes Schießen nach oben. Außerdem besaß die K 47 zwei vorne im Rumpf eingebaute MG und konnte eine Bombenlast von 100 kg (acht Splitterbomben) transportieren.
Im Oktober 1930 wurde die "schwedische" K 47 offiziell in Bukarest vorgeführt. Sechs Maschinen wurden an China verkauft, und vier K 47 gingen als Aufbauhilfe für eine sowjetische Luftwaffe in die UdSSR.
Die Ju A 48 stellte die zivile Ausführung der K 47 dar. Ihre Entwicklung wurde 1934 wegen mangelnder finanzieller Förderung durch die Reichswehr abgebrochen. Im Gegensatz zur K 47 saß der Beobachter in Flugrichtung. Die verwendeten Motoren verfügten über kein Getriebe. Die A 48 fi erhielt ein Zentralleitwerk.
Im Dessauer Junkers Werk wurden von 1928 bis 1931 insgesamt 18 A 48 und in Linhamm/Schweden zwischen 1929 bis 1934 14 K 47 montiert.
Die A 48 nutzte eine gemeinsame Junkers-Bofors Arbeitsgruppe 1930/31 in Schweden als Testmaschine für Sturzflugversuche mit Sturzflugbremse (Junkers-Patent), zur Überprüfung der Sturzeigenschaften, spezieller Zielverfahren (Sturzflugvisier), Bombenaufhängungen und -wurf. In Lipezk wurden die Maschinen auch zur Erprobung des Bombenwurfes im Sturzflug als taktisches Angriffsverfahren verwendet. Für die Versuche waren je ein Gehänge für eine 50-kg-Bombe an der Flügelverstrebung direkt außerhalb der Hauptfahrwerksräder angebracht. Die Sturzflugbremsen wurden an der Unterseite des Innenflügels installiert. Später erprobte man mit der K 47/A 48 auch die Abfangautomatik für die Ju 87. Die erlangten Erkenntnisse gingen in den Bau der Ju 87 ein und gaben Junkers einen großen Entwicklungsvorsprung vor den Konkurenzmustern von Arado, Heinkel und Blohm & Voß. Einige Monate vor Beginn des zweiten Weltkrieges übernahm die Luftwaffe die K 47 und A 48 zumeist als unbewaffnetes Übungsflugzeug.

Aufstellung der einzelnen Varianten der K 47/A 48

Typ	Motor	Leistung	Bemerkung
K 47 b	Bristol "Jupiter VII"	600 PS	Jagdzweisitzer
	Pratt & Whittney "Hornet"	525 PS	
	Bristol "Mercury IV"	520 PS	
K48 be	Bristol "Jupiter VII"	600 PS	Schul- und Versuchsflugzeug
K 48 ba	BMW "Hornet"	600 PS	Schulflugzeug
K 48 bi	Siemens "Jupiter VI"	600 PS	
K 48 c	Armstrong-Siddeley "Jaguar"	– –	
A 48 da	BMW "Hornet"	600 PS	Schulflugzeug
A 48 dy	Siemens Sh 20	540 PS	Versuchsflugzeug bei DVL
A 48 fi	Siemens "Jupiter VI"	600 PS	Schul- und Versuchsflugzeug Sturzflugerprobung

Diese Ju A 48 dy (Werk-Nr. 3365) gehörte zum Bestand der DVL e. V. in Adlershof.

Oben: Noch mit Zentralleitwerk ausgerüstet, die Ju A 48 fi (Werk-Nr. 3371). Die Maschine flog im Dezember 1931 bei der RDL und wurde später in Travemünde erprobt.

Links: Bei der Luftwaffe wurden mehrere Ju A 48 in der Ausbildung eingesetzt.

Unten: Die Exportversion Ju K 47 kam als zweisitziger Jäger und Behelfsstuka heraus.

JU 87

JUNKERS JU 87 A

Bereits 1933 befaßte sich Dipl.-Ing. Herrmann Pohlmann mit der Entwicklung eines modernen, zweisitzigen Sturzkampfbombers. Im Sommer 1934 begann der Bau von drei Mustermaschinen der Junkers Ju 87. Im Sommer 1935 konnte die erste Ju 87 in Dessau fertiggestellt werden und am 17. September 1935 zum Erstflug aufsteigen. Die V 1 hatte ein Doppelseitenleitwerk und das für die A-Baureihe typische verkleidete Fahrwerk. Ein 525 PS Rolls-Royce "Kestrel V"-Motor trieb die Zweiblatt-Holzluftschraube an. Die Maschine stürzte nach Leitwerksflattern kurze Zeit später im Bahnneigungsflug ab. Das Leitwerk hatte den auftretenden Kräften nicht genügt.

Daraufhin erhielt die Ju 87 V 2 das später verwandte Zentralleitwerk und absolvierte ihren Jungfernflug am 25. Februar 1936. Beim dritten Versuchsmuster wurde das Seitenleitwerk vergrößert, die Tragfläche verbessert sowie die Motorenverkleidung geändert. Ab März 1936 wurde die V 2 in Rechlin nachgeflogen. Im Sommer des gleichen Jahres unterzog man auch die V 3 diversen Flugerprobungen. Anfang Juni 1936 erfolgte das Vergleichsfliegen zwischen Ju 87, He 118 und Ar 81, aus welchem, letztlich durch den unglücklichen Absturz der He 118 V 3, der Junkers Entwurf als Sieger hervorging,

Die Ju 87 V 4, sie flog erstmals im November 1936, stellte den Prototyp für die A-0 Serie dar. Zur Verbesserung der Sichtverhältnisse beim Rollen legte Junkers den Motor etwa 0,25 m tiefer, der Rumpf war hinter dem Schützenstand verjüngt und endete mit dem geänderten Seitenleitwerk. Um den Serienbau zu vereinfachen, erhielt die Maschine eine gerade Flächenvorderkante (zuvor war der Außenflügel negativ gepfeilt) und das Fahrwerk eine gestrecktere Verkleidung. Ebenso kam ein Sturzvisier (Stuvi) zum Einbau. Die Bewaffnung bestand aus einem beweglichen MG 15 für den Funker und einem starren 7,92 mm Rheinmetall-Borsig MG 17 im rechten Flügelknick.

Die Ablenkgabel unter dem Rumpf bewegte die Bombe aus dem Propellerkreis. Eine Abwurfüberlast von 500 kg war ohne Mitnahme des Funkers jederzeit möglich. Später kam ein automatisches Abfangsystem für das Flugzeug zum Einbau, das den Piloten bei den hohen G-Belastungen während des Abfangens der Maschine aus dem Sturzflug unterstützte. Diese Anlage betätigte nach manuellen Lösen der Bombe die Ruder, Sturzflugbremsen sowie die Trimmung. In späteren Versionen setzte ein Höhenmesser bei etwa 500 m den automatischen Bombenwurf und Abfangflug in Gang.

Im Frühjahr 1937 begannen mit der V 4 umfangreiche Flugversuche zur Leistungsmessung. Etwas später ersetzte man bei dem vierten Versuchsmuster und der A-O Serie den Jumo 210 Aa durch einen stärkeren 640 PS leistenden Jumo 210 Ca.

Im Frühjahr 1937 begann die Fertigung von zehn Nullserien-Flugzeugen. Nach eingehenden Überprüfungen im Dessauer Junkers-Montagewerk gingen die ersten Ju 87 A-O an das I./StG 162 "Immelmann" zur Erprobung der Truppentauglichkeit. Zur Jahresmitte kam es zur Zuführung von ersten Ju 87 A-1, welche in der Ausrüstung nahezu der Nullserie entsprachen.

Noch die frühere Kühlerform weist die mit einem RR-"Kestrel"-Triebwerk versehene Ju 87 IV auf.

Oben: Das zweite Versuchsmuster befand sich ab etwa 1936 in Rechlin. Als Triebwerk war ein Jumo 210 Aa installiert.

Unten: Der Erstflug der Ju 87 V2 erfolgte am 25. 2. 1936.

Das vierte Versuchsmuster der Ha 137 (D-IFOE).

Die Ha 137 B ging wegen der Hs 123 nicht in Serie.

Das erste Versuchsmuster der Ar 81 mit der Kennung D-UJOX konnte sich bei dem Vergleichsfliegen nicht durchsetzen.

Oben: Die He 118 V1 (D-UKYM) nahm zusammen mit der Ar 81 und der Ju 87 an der Ausschreibung für einen zweisitzigen Stuka teil.

Unten: Das dritte Versuchsmuster (D-UHUR) während der Triebwerkserprobung bei Daimler-Benz. Im Hintergrund eine Ju 52/3m als Testflugzeug für Flugmotoren.

Während der Werkserprobung entstand die Aufnahme der zwölften Ju 87 A-1 (D-IEAM).

Die Ju 87 A-2 (hier eine Maschine des StG 165) kann von der A-1 durch das abgerundete Seitenleitwerk unterschieden werden.

Einweisung bei der Stuka-Schule in Schweinfurt, 1938.

Im Spanischen Bürgerkrieg erfolgte im Februar 1938 dann der erste Fronteinsatz der neuen Waffe bei der K 88 im Rahmen der Legion Condor. Infolge der militärischen Erfolge in Spanien – der sehr exakte Bombenwurf führte zu nachhaltigen Schwächungen beim Gegner – forderte das RLM eine schnelle Weiterentwicklung der Ju 87.
Ende 1937 fertigte Junkers die Ju 87 A-2, welche sich hauptsächlich von ihrer Vorgängerin durch den etwas stärkeren Jumo 210 Da (690 PS) und das abgerundete Seitenruder unterschied.
Bis Ende 1938 wurden 262 Ju 87 A montiert. Davon 192 Maschinen in Dessau, der Rest bei Weserflug in Bremen. Es existierten fünf Versuchsmuster und elf A-O Flugzeuge.

Links: Übungsbetrieb beim Sturzkampfgeschwader (StG) 165.

Unten:
Bei der Legion Condor wurde die Ju 87 A-1 unter Einsatzbedingungen getestet. Später wurden die Maschinen durch die Ausführung B-1 ersetzt.

JUNKERS JU 87 B

Die ersten Erfolge der "Anton" veranlaßten das RLM, eine verbesserte Ju 87 zu fordern. Das Konstruktionsbüro unter Herrmann Pohlmann überarbeitete die untermotorisierte Ju 87 A und beseitigte die meisten ihrer Unzulänglichkeiten. In den daraus folgenden Erprobungsmustern Ju 87 V 6 bis V 9 konnte nun der leistungsstärkere Jumo 211 eingebaut werden. Der neue Entwurf unterschied sich zellenseitig nicht wesentlich von der A-Serie, es kamen aber, bei der als Ju 87 B bezeichneten Weiterentwicklung, Veränderungen im Bereich der Kabinenhaube, des Fahrwerks, Rumpfbug und Avionik zum tragen.
Den drei Versuchsmustern folgten zehn Vorserienmaschinen (Ju 87 B-0). Bis Sommer 1938 konnte eine Vielzahl an Tests erfolgreich beendet werden und ab Oktober des gleichen Jahres die Serienproduktion der Ju 87 B-1 beginnen. Fünf Ju 87 B aus dem ersten Fertigungslos gingen zur Erprobung unter Kriegsbedingungen nach Spanien und bewährten sich dort. Ihren legendären Ruf sollte die Ju 87 aber erst im Polen- und Westfeldzug erhalten.
Bis Anfang September 1939 verfügten die neun Gruppen der fünf Stukageschwader StG 1, 2, 51, 76 und 77, die IV. (St)/Lehrgeschwader 1 und eine Marine Staffel zusammen über mindestens 340 Ju 87 B-1.
Ab Dezember 1939 erhielt die Ju 87 B-2 den leistungsstärkeren Jumo 211 Da mit 1200 PS Leistung. Neben der Triebwerksänderung wurden zusätzlich Verbesserungen an der Zelle durchgeführt. So fand der bereits bei der späten B-1 verwendete neue Auspuff und vergrößerte Ölkühler Eingang in die B-2 Serie. Die Öffnung für die Hand-Anlasserkurbel wurde abgedeckt, ebenso die Flügelwaffenöffnungen verkleidet und der Einbau der Schußkamera geändert. Spätere B-2 erhielten eine geänderte Überschlagsicherung für die Besatzung. Wegen des stärkeren Motors mußten zudem die dünnen Metallpropellerblätter gegen dickere Blätter aus gepreßtem und geleimtem Holz ersetzt werden.
Die ersten B-2 Maschinen rollten im Frühjahr 1940 aus den Werkshallen und gingen im Sommer an die Einheiten. Bis Jahresende gehörte über die Hälfte aller Ju 87 bei den Kampfverbänden zur B-2 Reihe. Wegen der geringen Reichweite der Ju 87 B rüstete man die Maschinen an den Unterflügelstationen mit zwei 300 l Zusatztanks aus. Der erste Verband, welcher diese als Ju 87 R-1 ("R" stand für Reichweite und wurde anstelle des "B" verwendet) bezeichneten Maschinen erhielt, war die I./Stukageschwader 1 in Norwegen. Durch den auf 700 km erhöhten Aktionsradius konnten neben Kampfeinsätzen auch Aufklärungsflüge und Angriffe auf Schiffsziele auf hoher See durchgeführt werden. Auch die Mehrzahl der Einsatzmaschinen des StG 2 erhielten die Zusatztanks und flogen Einsätz im Frankreich-Feldzug und während der "Luftschlacht um England".
Ab Frühjahr 1941 stand im Mittelmeerraum die Ju 87 R-2 zur Verfügung. Die Maschine entsprach bis auf die 300 l Zusatztanks an den Flügel ETCs der B-2. Die Reichweite betrug 1250 km.

Oben:
Das im Gegensatz zur Ju 87 A-1/A-2 schlanke Fahrgestell der Ju 87 B-1.

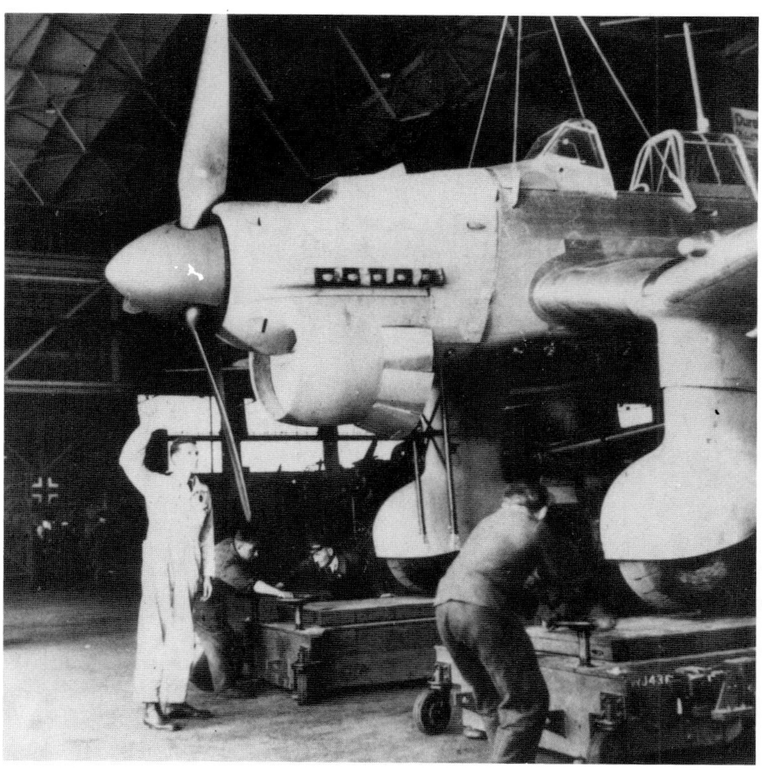

Links:
Eine frühe Ju 87 B-1 im Werk Dessau.

Die Ju 87 R-3 war eine Umrüstversion der R-2 als Schleppflugzeug für die DFS 230 A/B (A: Frachtgleiter, B: Truppentransporter).

Anstelle der Zusatztanks konnten alle Ju 87 R natürlich auch Bomben an den Tragflächen mitführen. Mit Beginn der Einsätze im Mittelmeerraum und Nordafrika führte man die Versionen Ju 87 B-1/trop und B-2/trop ein. Diese Flugzeuge erhielten teilweise nachträglich einen geänderten Luftfilter ("Tropenfilter") sowie eine zusätzliche Überlebensausrüstung für die Wüste (als Umrüstsatz).

Die Ju 87 R-4 stellte die eigentliche "Wüstenausführung" dar. Sie basierte auf der B-2, erhielt aber die Zusatzausrüstung für den Wüsteneinsatz bereits während der Produktion und nicht erst als Umrüstsatz. Daneben besaß diese Version bereits serienmäßig den Tropentarnanstrich sandgelb (79)/hellblau (78). Bei der Truppe wurden oftmals zusätzlich unregelmäßige olivgrüne (80) Farbflecken aufgespritzt.

Motorenkontrolle im Werk Lemwerder bei Bremen.

Als frühe Ausführung der Ju 87 B-1 kann dieser Stuka durch die Art der Auspuffanlage bestimmt werden.

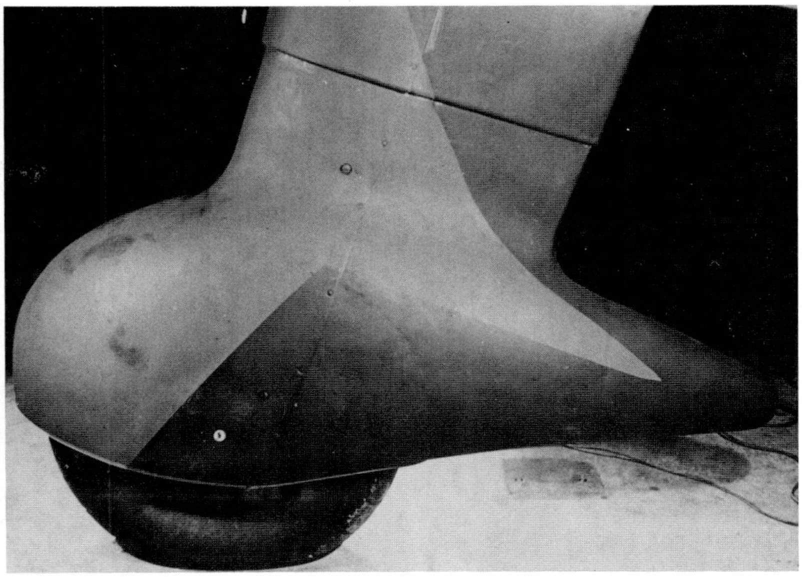

Oben: Eine Nahaufnahme des Ju 87 B-Hauptfahrwerks mit teilweise abgenommener Verkleidung. Gut sichtbar: Bremsölleitung und der lederne Schutz, der eine Verschmutzung verhindern sollte.

Rechts oben: Eine frühe Ju 87 B-1 mit dem vor dem Krieg üblichen Tarnanstrich.

Rechts: Seitenleitwerk einer noch unbewaffneten Ju 87 B-1.

Unten: Einflugbetrieb mit der Ju 87 B-1. Gut sichtbar die ausgefahrenen Sturzflugbremsen.

Rechts:
Formation früher Ju 87 B-1-Sturzkampfflugzeuge.

Links:
Detailansicht der frühen Ausführung der Ju 87 B-Sturzflugbremse. Rechts die Anschlüsse für die Flächen-ETC.

Unten:
Die bei der Kampfgruppe 88 der Legion Condor in Spanien probehalber eingesetzte Ju 87 B-1.

Oben: Instrumentenbrett des Ju 87-Sturzkampfbombers.

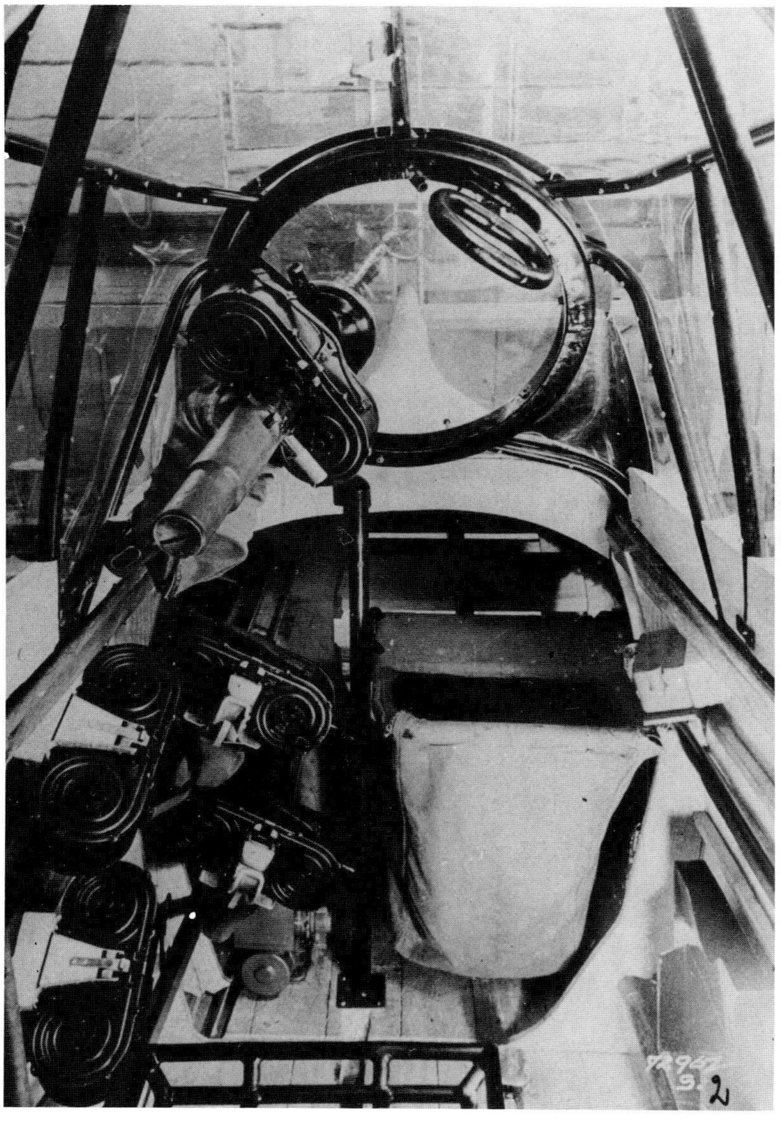

Oben:
Einflugbetrieb im Werk.

Links:
Attrappe der Ikaria Linsenlafette LLK mit MG 15.

Oben: Drei Ju 87 B-1 des StG 61 während einer Verlegung.

Eine typische Propaganda-Aufnahme.

Teil der I./StG 2 war diese späte Ju 87 B-1.

Rechts:
Winterflugbetrieb beim Sturzkampfgeschwader 1.

Rechts:
Der allseits bekannte Terrier "Molch" zierte nahezu alle Ju 87 des StG 2.

Unten:
Bei einem Einsatzverband an der Ostfront ist diese frühe Ju 87 R-1 (BI+TS) eingetroffen.

Oben: Eine modifizierte Ju 87 B-1, die zu den ersten ihrer Baureihe gehörte und zwischenzeitlich verbesserte Kühlerklappen erhalten hat.

Unten: Ebenfalls einen modifizierten Kühler hat diese Ju 87 B-1 des StG 1 erhalten.

Oben rechts:
Zu jedem Flugzeug der Luftwaffe gehörte ein solcher Bordsack.

Oben und rechts:
Zwei Aufnahmen, die eine am Fahrwerk angebrachte Kamera zeigen. Mit ihr wurden sowohl PK-Aufnahmen als auch Zielwirkungsbilder aufgenommen.

Rechts:
Eine Ju 87 B-2 des Sturzkampfgeschwaders StG 77.

Oben: Unter den Flächen-ETC dieser Ju 87 B-2 sind viermal fünf SC 10-Splitterbomben untergehängt. Die Bewaffnung diente vornehmlich der Bekämpfung ungepanzerter Bodenziele. (BA)

Anbringung einer Nachschubkiste unter dem Rumpf ETC bei der 1. Staffel der Trägergruppe 186. Der Behälter diente bei Verlegungen zur Aufnahme der persönlichen Ausrüstung der Besatzung.

Übungsmäßiger Sturzangriff einer Ju 87 B-1.

Eine weitere Ju 87 R-1 im Mittelmeer der Ostfront 1941.

Unten: Eine späte Ju 87 B-1 der 1./Trägergruppe 186.

In Italien entstand diese Aufnahme mit deutschen und italienischen Sturzkampfbombern. Im Vordergrund eine Ju 87 R-2.

Das Werk 2 von Weserflug nach einem alliierten Luftangriff im Sommer 1940.

Diese beschädigten Ju 87 B-2 weisen als B-Stand die rückwärtige Drehlafette der Ju 88 A-4/A-5 auf.

Oben: Mittels hydraulischem Hebewerkzeug wurde die Ju 87 B mit Abwurflasten wie der SC 250 beladen.

Oben rechts: Unter dem Rumpf der Ju 87 B-1/B-2 befand sich ein ETC 500 der Firma Siemens, das Lasten bis zu 1.000 kg tragen konnte.

Rechts: Detailansicht der Bombenaufhängung sowie des rückwärtigen Teils des Kühlers.

Unten: Die Ju 87 C wurde bei der 4. (T)/186 ausgiebig erprobt.

JUNKERS JU 87 D

Das RLM forderte Anfang 1940 eine Verbesserung der B-Serie. Unter der Bezeichnung Ju 87 D erfuhr der Stuka eine gründliche strukturelle wie aerodynamische Überarbeitung. Die wichtigsten Merkmale waren gegenüber der Ju 87 B:

- nach hinten abfallende Kabinenverglasung
- aerodynamisch günstigere Motorhaube mit geändertem Lufteinlaß
- kleinerer Ölkühler unter dem Triebwerk
- zusätzliche Kühler am inneren Unterflügel
- Jumo 211 J mit 1400 PS Leistung
- stärkere Abwehrbewaffnung (7,92 mm MG 81 Z)
- erhöhte Abwurfwaffenzuladung (1800 kg) und Rüstsätze (z. B. WB-81 A/B, AB 250)
- ab D-5 neue Flügelwaffen (zwei 20 mm MG 151)
- geänderte Abwurfgabel für die Rumpfbombe und verkleidete Flügel-ETC 50/VIII
- Revi C-12-C Kanonen- und Bombenvisier
- gepanzerte Kopfstütze und Überschlagschott
- stärkere Triebwerks- und Besatzungsraumpanzerung
- neues Seitenruder und Fahrwerksverkleidung

Im Dezember 1940 plante Junkers Testflüge mit dem ersten Prototyp der D-Reihe, der Ju 87 V 21. Hierzu sollte die Maschine einen Jumo 211 F erhalten. Wegen verschiedener Mängel an diesem Triebwerk verschob sich jedoch der Erstflug. Zwischenzeitlich waren insgesamt drei Prototypen, die V 21 bis V 23, bestellt, so daß im Februar 1941, als der Jumo 211 J verfügbar wurde, die Erprobung beginnen konnte. Vom Mai 1941 bis Januar 1942 wurden in der E-Stelle Tarnewitz Versuchsflüge durchgeführt. Als Ausführung D-1/torp. (Torpedoträger) stand ab 16. Dezember 1941 außerdem die Werknummer 2013 bei der E-Stelle Travemünde bereit.
Im April 1942 erprobte die E-Stelle Tarnewitz die MG 151/20 als Flügelwaffen bei der D-1, welche dann ab der D-5 zum Einbau kamen.

Übersicht der Erprobungsmuster für D-1 Serie

V 21	D-INRF	0536	Waffenerprobung ab 30.09.41 in Rechlin
V 22	SF+TY	0540	Absturz am 20.08.1942 in Rechlin nach Kohlendioxid-Vergiftung der Besatzung.
V 23	PB+UB	0542	Erprobung in Rechlin, ab Mai 1940 bis November 1943 vorhanden
V 24	– –	0544	Weiterentwicklung als Trägerflugzeug
V 25	BK+EF	– –	Torpedoerprobung ab 12.9.1941 in Rechlin

Ab Sommer 1942 rollten die Serien-Flugzeuge Ju 87 D-1 aus den Werkshallen. Im Januar 1942 erreichte die erste Maschine die I./StG 2 an der Ostfront. Die Erprobung eines Jumo 211 F Triebwerks begann im Frühjahr 1943 mit einer Ju 87 D, welche die Kennung CC+PJ trug.
Einige Monate zuvor, zwischen November 1942 und März 1943 erfolgten Testflüge mit dem DB 605 Triebwerk (TK+BZ).

Wie bei der Ju 87 B/R stand auch bei der D-Reihe eine Schleppversion für Lastensegler zur Verfügung, jedoch mit dem Unterschied, daß diese Flugzeuge serienmäßig einen verstärkten Rumpf und ein Heckrad zur Aufnahme größerer Lasten erhielten. Diese Spezialversion trug die Bezeichnung D-2. Wenn notwendig, konnte aber jede Ju 87 D mit einer Schleppkupplung als Rüstsatz versehen werden.
Für die Erdkampfunterstützung ging die Ju 87 D-3 ab Mai 1942 in Serie. Dieser Typ verfügte über eine verstärkte Panzerung im Bereich des Besatzungsraums, Triebwerk, Kühlersystem und der Rumpfunterseite. Teilweise besaßen die Maschinen noch die Sirenen der D-1 am Fahrwerk. Bis Mai 1943 wurden 599 D-3 in Bremen-Lemwerder und weitere 960 in Berlin-Tempelhof gefertigt. Die Flugzeuge wurden vorwiegend an die Ostfront geliefert.
Bei der Ju 87 D-5 stand neben der Sturzkampffähigkeit vermehrt die Verwendung als Schlachtflugzeug im Vordergrund. Jedoch ließ sich die Maschine auch als Torpedoträger einsetzen. Während der Rumpf der D-3 emtsprach, vergrößerte man hier die Spannweite um etwa 1,20 m. Statt der zwei MG 17 wurden nun zwei 20 mm Mauser MG 151 Kanonen in den Tragflächen montiert. Wie bei den späten D-3 war bei der D-5 bereits ab Werk der Auspuff unverkleidet, ferner wiesen die begehbaren Tragflächenteile (im Bereich der Flügelwurzel) Metallstreifen auf, und die Sirene fiel weg. Zusätzlich änderte Junkers die Bombenabwurfanlage und das Schmierstoffsystem. Das absprengbare Fahrwerk sowie eine geänderte Windschutzscheibe rundet die Liste der Verbesserungen ab.

Ab Juli 1943 gingen die ersten Ju 87 D-5 an die III./StG 2 bei Kursk. Nach der Umbenennung der Stukageschwader in Schlachtgeschwader (Oktober 1943) fanden die D-5 Verwendung beim SG 1, 2, 3, 5 und 77. Zu dieser Zeit, bis Frühjahr 1944, begann die Ablösung der Ju 87 durch die Fw 190 Jagdbomber. Lediglich einige Gruppen behielten ihre Ju 87 bis Frühjahr 1945.
Vermutlich 771 Ju 87 D-5 rollten in Bremen-Lemwerder vom Band. Etwa 407 Maschinen dieser letzten Sturzkampfversion der Ju 87 fertigte WFG in Tempelhof.
Als Nachtschlachtflugzeuge rüstete die Niederlassung der Metallwerke Niedersachsen in Hamburg-Harburg, Brinkmann und Mergell (Menibum) ab Ende 1943 bis 1944 cirka 300 Ju 87 D um. Hierbei erhielten die Maschinen den leistungsstärkeren Junkers Jumo 211 P mit 1500 PS sowie Flammendämpfer am Auspuff. Ebenso fielen die Sturzflugbremsen weg. Die Funkausrüstung wurde durch den Einbau des FuG 16 und FuG 25 modernisiert. Die umgebauten Ju 87 D-1 mit den Tragflächen der D-5 bekamen die Bezeichnung Ju 87 D-7, die D-3, ebenfalls mit Tragflächen der D-5 und MG 151 wurden zur D-8. Im Verlauf des Jahres 1944 standen diese Maschinen bei den Nachtschlachtgruppen NSGr 1, 2, 4, 8, 9 und 10 in Italien sowie an der Ostfront und im Westen im Einsatz.

Die "Weser" Flugzeugbau GmbH (WFG) übernahm als Hauptauftragnehmer die Lizenzfertigung der Ju 87. Bei Junkers wurde lediglich die Entwicklung und der Bau einiger Versuchs- und Serien-Flugzeuge durchgeführt, da die Firma durch sonstige Produktions- und Entwicklungsvorhaben genügend ausgelastet war.
Am 15. Dezember 1938 wurde die erste, am 27. Februar 1940 die 1000ste, im April 1943 die 4000ste Maschine bei WFG fertiggestellt, wobei zuletzt eine monatliche Ausbringung von mindestens 150 Ju 87 erreicht wurde. Im Zeitraum von 1938 bis 1944 waren 40 % und zeitweise mehr der vorhandenen produktiven Kräfte im Bau der Ju 87 eingesetzt.

Bis zum Abschluß der Fertigung im August 1944 lieferte WFG insgesasmt 5.126 Ju 87 ab. Dazu kamen noch Reserveeinheitssätze für das RLM, rohbaufertige Einheiten für die Slowakei (Werk Biskupiske), die Lieferung von sehr umfangreichen Sätzen an Reserveteilen sowie die Durchführung sonstiger Arbeiten und Reparaturen in Heimat und der Etappe. Diese Mehrleistungen entsprachen etwa dem Arbeitsaufwand für weitere 800 Flugzeugeinheiten.

Von Junkers wurden nur acht V-Maschinen (ab der D-1 führte WFG dann den Bau der V-Flugzeuge nach Zeichnungen von Junkers selbst durch) und 575 Serienmaschinen gefertigt. Zum Teil war WFG nach einem gewissen Anlauf hier mit Teillieferungen daran beteiligt, so daß nach Werksangaben 5.709 komplette Flugzeuge des Typs Ju 87 abgefertigt wurden.

Als Nachfolger der Ju 87 B wurde die Ju 87 D-1 ausgeliefert. Die abgebildete Maschine gehörte zum StG 2. (BA)

Eine Ju 87 D-1 der 7./StG 1 bei der Beladung mit einer SC 500.

Bei nahen Zielen konnte auch eine SC 1000 mitgeführt werden. (BA)

Eine Aufnahme einer Ju 87 D-5 mit Sprengbombe SC 250.

Unten: Eine 1943 auf Pantelleria notgelandete Ju 87 D-3.

Als Mustermaschine mit zwei 300 l-Abwurftanks wurde die Ju 87 D-3 (GP+YA) als "Reichweiten-Stuka" erprobt.

Eine Ju 87 D-3, welche die Waffenanlage der D-5, zwei 300 l-Zusatztanks und eine verbesserte Panzerung besaß.

Bei der StG 2 flog diese Ju 87 D-5, die aus einem Beutetankwagen versorgt wird.

FLUGZEUG-BAUREIHENÜBERSICHT JUNKERS JU 87
(Stand 19.08.1944; Chef TLR Fl. (E-2))

Baureihe	Triebwerk	Bewaffnung	Abwurfanlage	Kraftstoff-kapazität	FT-Gerät	Bemerkung
Ju 87 A-1 Stuka	Jumo 210 D	1 x MG 17 in Tragfläche je 500 Schuß; 1 x MG 15 beweglich mit 900 Schuß; max. Bombenlast 500 kg	Schloß 500 XI B	480 l	FuG VII mit Ei V	ohne Panzerung
Ju 87 A-2 Stuka	Jumo 210 D	wie A-1	wie A-1	480 l	wie A-1	geändertes Seitenruder
Ju 87 B-1 Stuka	Jumo 211 A	wie A-1	Schloß 500 XI B	480 l	FuG VII a mit Ei V	ohne Panzerung; Schneekufen-Rüstsatz
Ju 87 B-2 Stuka	Jumo 211 D Jumo 211 H	wie B-1; aber max. Bombenlast 1000 kg	Schloßlafette mit Schloß 1000/500 XI B; 2 ETC 50 VIIIe	480 l	FuG VII a mit Ei V	Fahrwerksänderung; B-Muster kommen mit Schneekufen nicht mehr zum Einsatz; Ausführung ohne Panzerung läuft aus
Ju 87 C-1 Stuka	Jumo 211 D	wie B-1; Überlast am ETC mit 1000 kg Bombe möglich bei Start ohne Katapult	Schloß 500 XI B; ETC 50 unter Tragfläche nachrüstbar	500 l und 2 Abwurfbehälter mit je 300 l	FuG 25 Peil G 6	Trägerflugzeug katapultfähig; beiklappbare Tragflächen; Fangsporn; abwerfbares Fahrgestell; 5 Flugzeuge gebaut, nach Notwasserung 3 Tage schwimmfähig
Ju 87 D-1 Stuka	Jumo 211 J Jumo 211 P	2 x MG 17 in Tragfläche je 1000 Schuß; 1 x MG 81 Z beweglich mit 1000 Schuß je Lauf; max. Bombenlast 1800 kg	Schloßlafette mit Schloß 1000/500 XI B oder 1000 XI 2000 XIII 2 ETC 50 VIIIe	770 l und 2 Abwurfbehälter mit je 300 l	FuG VII C mit Ei V; Einbausatz FuG XXV; Peil G 6	vergrößerte Tragfläche; verstärktes, absprengbares Fahrwerk; Austauschmöglichkeit für Schneekufen, Flammvernichteranlage und Schleppeinrichtung.
Ju 87 D-3 Stuka	Jumo 211 J Jumo 211 P	wie D-1	wie D-1	wie D-1	FuG 25; Peil G 6	wie D-1; zusätzliche Grundpanzerung
Ju 87 D-4 Stuka; Torpedoflugzeuge	Jumo 211 J	2 x MG 151 in Tragfläche mit je 180 Schuß; bewegliches MG 81 Z mit 2000 Schuß; 1 X LT 750 kg oder LT 905 kg oder 1800 kg Bombenlast	Schloßlafette 1000/500 XI B mit Schloß 500 XII oder 1000 XI oder 2000 XIII; 2 ETC 50 VIIIe oder PVC 1006 B	wie D-1	wie D-3	Umbau aus D-1 bzw. D-3 mit Einsatzmöglichkeit der Torpedo-Abwurfanlage
Ju 87 D-5 Stuka; Torpedoflugzeug	Jumo 211 J Jumo 211 P	wie D/4	wie D-4	wie D-1	wie D-4	neue Baureihe mit verlängerter Tragfläche

Ju 87 D-7 Schlacht-flugzeug	Jumo 211 P	wie D-1, jedoch 2 x MG 151 mit je 180 Schuß in Tragfläche	wie D-1	wie D-1	wie D-1	Umbau aus D-1 mit Tragflächen der D-5; keine Sturzflugbremse; Flammvernichteranlage für Nachtschlachteinsatz
Ju 87 D-8 Schlacht-flugzeug	Jumo 211 P	wie D-7	wie D-1	wie D-1	wie D-1	Umbau aus D-3 mit Tragflächen der D-5; Ausführung ohne Rüstsatzpanzerung; wie D-7
Ju 87 G-1 Schlacht-flugzeug	Jumo 211 J Jumo 211 P	ein bewegliches MG 81 Z mit 1000 Schuß je Lauf; 2 Flak 18 mit 2 x 12 Schuß	entfällt	780 l	wie D-3	Umbau als Panzerjäger aus D-3; keine Sturzflugbremsen;
Ju 87 G-2 Schlacht-flugzeug	Jumo 211 J Jumo 211 P	wie G-1	entfällt	wie G-1	wie D-5	Umbau als Panzerjäger aus D-5; keine Sturzflugbremsen; Einsatz nur als Schlachtflieger
Ju 87 H-1 Trainer	Jumo 211 J Jumo 211 P	entfällt	entfällt	wie D-1	wie D-1	Umbau aus D-1; Blindflug-Schulflugzeug mit Doppelsteuerung
Ju 87 H-3 Trainer	Jumo 211 J Jumo 211 P	entfällt	entfällt	wie D-3	wie D-3	Umbau aus D-3; Blindflug-Schulflugzeug mit Doppelsteuerung
Ju 87 H-5 Trainer	Jumo 211 J Jumo 211 P	entfällt	entfällt	wie D-5	wie D-5	Umbau aus D-5; Blindflug-Schulflugzeug mit Doppelsteuerung
Ju 87 H-7 Trainer	Jumo 211 J Jumo 211 P	entfällt	entfällt	wie D-7	wie D-7	Umbau aus D-7; Blindflug-Schulflugzeug mit Doppelsteuerung
Ju 87 H-8 Trainer	Jumo 211 J Jumo 211 P	entfällt	entfällt	wie D-8	wie D-8	Umbau aus D-8; Blindflug-Schulflugzeug mit Doppelsteuerung
Ju 87 K-1 Stuka	Jumo 210 D	wie A-1	wie A-1	wie A-1	wie A-1	Umrüstung aus A-1 für Export nach Japan
Ju 87 K-2 Stuka	Jumo 211 D	wie B-2	wie B-2	wie B-2	wie B-2	Umrüstung aus B-2 für Export nach Ungarn
Ju 87 K-4 Stuka	Jumo 21- D	wie A-1	wie A-1	wie A-1	wie A-1	Umrüstung aus A-1 für Export nach Ungarn
Ju 87 R-1 Stuka	Jumo 211 A	wie B-1	wie B-1	780 l und 2 Abwurfbehälter mit je 300 l	FuG 25 Peil G 6	mit und ohne Panzerung; vergrößerte Reichweite durch Zusatzbehälter, sonst B-1
Ju 87 R-2 Stuka	Jumo 211 D Jumo 211 H	wie B-2	wie B-2	wie R-1	wie R-1	vergrößerte Reichweite durch Zusatzbehälter, sonst B-2
Ju 87 R-4 Stuka	Jumo 211 D Jumo 211 H	wie B-2, aber Tragflächenmittelstück für SG-Behältereinbau ausgeführt	wie B-2	wie R-1	wie R-1	serienmäßig mit Überlebenspaket für Tropeneinsatz ausgerüstet; vergrößerte Reichweite

Diese Ju 87 D-5 trägt eine Sprengbombe und zwei Abwurfbehälter (AB) 250.

Eine Ju 87 D-5 der 1./StG 3 mit Wintertarnung.

Ab 1943 wurde die Verwendung als Stuka immer mehr von Nachtschlacht-Einsätzen verdrängt. Hier eine mit Flammenvernichtern ausgestattete Ju 87 D-8 der 2./NSG 9 in Italien. (BA)

JU 88

JUNKERS JU 88 A

Im August 1935 stellte das RLM die Forderung nach einem unbewaffneten, dreisitzigen Schnellbomber mit einer militärischen Nutzlast von 800 bis 1000 kg. Im November 1936 erhielten Henschel, Messerschmitt und Junkers die Ausschreibungsvorgaben. Doch weder die Hs 127 noch die Bf 162 konnten die Anforderungen des RLM erfüllen und wurden daher frühzeitig gestrichen.

Im Juni 1936 stellte Junkers eine erste Attrappe der künftigen Ju 88 dem RLM vor, welches daraufhin einen Vertrag über den Bau von zwei "Schnellbombern" (WerkNr. 4941 und 4942) mit 2000 km Reichweite und zwei DB 600-Motoren zusammen mit drei weiteren Flugzeugen (WerkNr. 4943 bis 4945) mit Junkers Jumo 211 sowie eine Vorserie von 17 Ju 88 vergab.
Unter der Leitung des Technischen Direktors bei JFM, Dipl.Ing. Ernst Zindel, ging die Arbeit an den Versuchsmustern voran. Er führte den Bau von zwei unterschiedlichen Ausführungen durch. Die Ju 88 V 1 und V 2 waren unbewaffnet. Es folgten die Ju 88 V 3 bis V 5 mit drei Abwehrständen, erweiterter Ausrüstung und der Möglichkeit, zwei schwere Bomben unter den inneren Tragflächen zu transportieren. Der nächste Schritt war ein vollständig überarbeiteter Entwurf für einen Stuka mit großer Reichweite und vier Mann Besatzung. Der Entwurf zeichnete sich durch verstärkte Tragflächen, ein vergrößertes Leitwerk und einen längeren Rumpf aus. Zusatztanks wurden in den Flügeln integriert und die Abwehrbewaffnung (drei oder mehr MG 15) verstärkt.
Ein Jahr später, am 21. Dezember 1936, startete der erste Prototyp der Ju 88, die V 1 (D-AQEN) in Dessau unter Cheftestpilot Kindermann zum Erstflug. Erst ein Teil der Erprobungsflüge, hiernach sollten die Tragflächen und Ruder vergrößert werden, wurde absolviert, als die V 1 am 10. April 1937 verloren ging.

Am selben Tag startete die Ju 88 V 2 (D-ASAZ, ab Frühjahr 1942 VA+EG) zu ihrem Erstflug. Sie besaß anfangs zu kleine Kühler. Schließlich erhielt die V 2 eine neue Bugsektion und diente später für verschiedene Entwicklungsaufgaben im Bereich der Ju 288. Ab Anfang 1942 fand die Maschine Verwendung bei einer Flugschule nahe Fürth.
Die Ju 88 V 3 (D-AREN) flog erstmals am 13. September 1937. Das Versuchsmuster besaß den Jumo 211 Motor und erreichte während der Erprobung in Rechlin eine Höchstgeschwindigkeit von 520 km/h. Das RLM verlangte auch die schnelle Weiterentwicklung zur Serienreife des Jumo 211, weil die Mehrzahl der DB-Motoren für die Jägerproduktion gebraucht wurden.
Einen Monat später forderte Generalluftzeugmeister (GLZ) Ernst Udet vordringlich die Auslegung der Ju 88 als schweren Sturzbomber, anstelle des ursprünglichen Verwendungszweckes als unbewaffnetes, zweimotoriges Schnellkampfflugzeug.
Gestützt wurde diese Entscheidung auf den unerwarteten Erfolg der Ju 87. Am 23. Dezember 1937 forderte das RLM von Junkers den Aufbau einer riesigen "Stuka-Armada". Aus diesem Grund wurde die Entwicklungsabteilung in Dessau immer mehr verstärkt. Besonderes Interesse galt den Sturzflugbremsen und der Abfangautomatik, für deren Entwicklung Dipl.-Ing. Pohlmann verantwortlich zeichnete. Ewers, der Chef der Versuchtsabteilung, koordinierte die Serienproduktion. B. Baade überwachte das komplette Ju 88-Programm und war auch für die Weiterentwicklung (bewaffneter Aufklärer, Torpedobomber und die erforderlichen Umbauten beim Stuka) zuständig.

Das sechste Versuchsmuster der Ju 88, das mit Vierblatt-Luftschrauben versehen wurde. Als Sturzkampfvisier war oftmals das Revi C 12 C (Zeiss-Ikon) eingebaut.

Im Vordergrund die Ju 88 V7, dahinter die TH+IC, eine weitere in Dessau geflogene Musterausführung der Ju 88 A-1.

Unten: Die Ju 88 A-1 (VK+AL) gehörte wie auch die Ju 88 A-5 und die Ju 88 A-4 zur Gruppe der Sturzkampfbomber, auch wenn der reine Stuka-Einsatz immer mehr zu Gunsten des Gleitangriffes aufgegeben wurde.

Nachdem Professor Wagner die Junkers-Werke verlassen hatte, übernahm Prof. Hertel die Leitung der gesamten Entwicklungsabteilung. Gleichzeitig wurde Schilling die weitere Entwicklung der Ju 88 übertragen, da sich Prof. Hertel nun vermehrt mit der Entwicklung von Höhenflugzeugen, beispielsweise der Ju 288, befaßte.
Am 24. Februar 1938 stürzte die Ju 88 V 3 bei Nürnberg während eines geheimen Rekordfluges, 2000 kg Abwurfwaffen waren über eine Strecke von 2000 km zu transportieren, ab.
Zwei Wochen zuvor, am 2. Februar, war die Ju 88 V 4 (D-ASYI) erstmals aufgestiegen. Zusammen mit der Ju 88 V 6, waren dies die ersten Versuchsmuster für den schweren Stuka und damit Prototyp der A-1 Serie.
Die Ju 88 V 5 startete am 13. April des gleichen Jahres zum erfolgreichen Erstflug. Sie besaß eine verlängerte Kabine sowie Jumo 211 B-1-Motoren und diente unbewaffnet verschiedenen Hochgeschwindigkeitstests. Daneben wurden über einige Monate Versuche mit den Sturzflugbremsen durchgeführt.
Die bereits erwähnte Ju 88 V 6 (D-AQKD, später KD+ME) absolvierte am 28. Juni 1938 ihren Jungfernflug. Als erster Prototyp besaß sie eine Zentralsteuerung. Wie die Ju 88 V 5 verfügte auch diese Versuchsmaschine über Vierblattpropeller. Außerdem wurde, wie bei der A-1 Serie, ein zweiter Bombenschacht eingebaut. Die V 6 flog als erste Ju 88 mit Sturzflugbremsen unter Einsatzbedingungen. Am 13. April 1944 stürzte die Maschine bei Brandis ab.
Ende September 1938 hielt Heinrich Koppenberg die Produktion von 300 Ju 88 im Monat für durchaus möglich. Göring unterstützte dies und veranlaßte absolute Priorität für die Serien-Produktion der Ju 88 A. Hierzu wurden das Volkswagen-Werk in Wolfsburg und die Opel-Werke in Rüsselsheim als Zulieferwerke in die Planung aufgenommen.
Die Endmontage erfolgte in den JFM-Werken Aschersleben, Halberstadt, Leopoldshall und Bernburg.
Das erste Versuchsmuster, welches der Serie entsprach, war die V 7 (D-ARNC, später TH+IC). Die Maschine besaß zwei Jumo 211 Motoren und VS 11 Propeller. Am 27. September 1938 stieg sie zu ihrem ersten Flug auf. Ein Jahr später wurde die Maschine zur Hochgeschwindigkeits-Transportmaschine, der Bombenschacht diente nun als Passagierraum für vier Personen, umgebaut. Nachdem zahlreiche eigene Kampfflugzeuge Opfer britischer Ballonsperren geworden waren, rüstete man die V 7 mit einem Seilschneidegerät aus und erprobte dieses erfolgreich. Auch diente die Maschine zu Testflügen mit der Bugsektion der Ju 288 A. Sturzflugversuche führte man mit SC 250 und SC 500 Bomben, ab Januar 1940 mit der schweren SC/SD 1000, durch. Später erfolgte der Umbau in eine schweren Zerstörer mit kampfstarker Starrbewaffnung.
Die Ju 88 V 8 (D-ASCY, später DG+BF) flog erstmals am 3. Oktober 1938. Mit der Ju 88 V 9 (D-ADCN) und V 10 (D-AMGH, später PC+CF) begann die eigentliche A-0 Serie. Diesen folgten drei Ju 88 A-1 mit den Werknummern 003 bis 005. Es gibt jedoch auch Dokumente, welche die Ju 88 V 9 bereits als A-1 Prototyp ansprechen.

Mit einigen Flugzeugen der A-1 Serie fanden in Rechlin Erprobungsflüge mit Kuto-Nase (Ballonseilschneidekante), vergrößerten Sturzflugbremsen und aerodynamisch verkleideten Flächen-ETC statt.

Innenansicht des Cockpits einer Ju 88-1, deren Bewaffnung ausgebaut worden war.

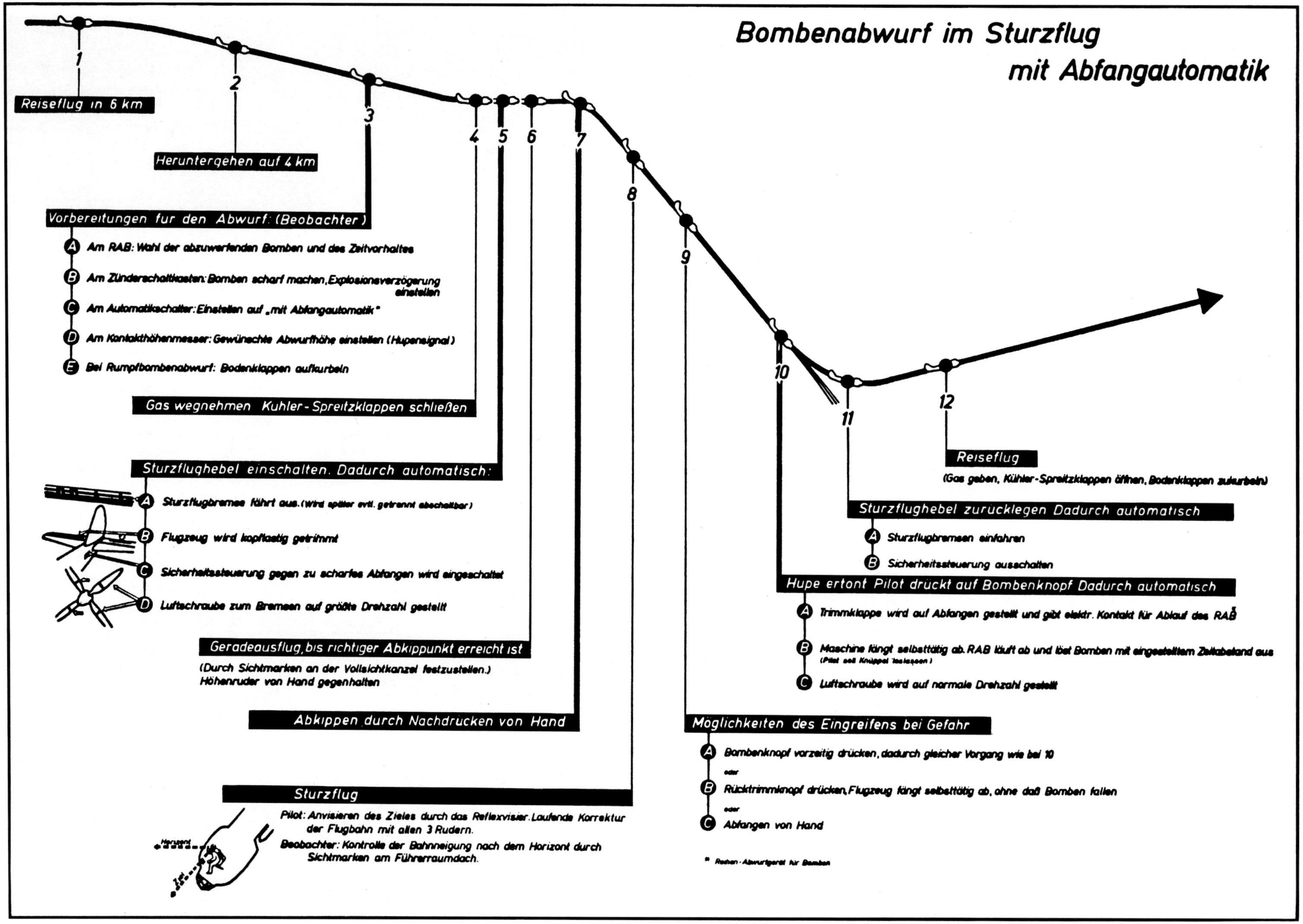
Bombenabwurf im Sturzflug
mit Abfangautomatik
1
2
3
4
5
6
7
8
9
10
11
12
Reiseflug in 6 km
Heruntergehen auf 4 km
Vorbereitungen für den Abwurf: (Beobachter)
A Am RAB: Wahl der abzuwerfenden Bomben und des Zeitvorhaltes
B Am Zünderschaltkasten: Bomben scharf machen, Explosionsverzögerung einstellen
C Am Automatikschalter: Einstellen auf „mit Abfangautomatik"
D Am Kontakthöhenmesser: Gewünschte Abwurfhöhe einstellen (Hupensignal)
E Bei Rumpfbombenabwurf: Bodenklappen aufkurbeln
Gas wegnehmen Kühler-Spreitzklappen schließen
Sturzflughebel einschalten. Dadurch automatisch:
A Sturzflugbremse fährt aus. (Wird später evtl. getrennt abschaltbar)
B Flugzeug wird kopflastig getrimmt
C Sicherheitssteuerung gegen zu scharfes Abfangen wird eingeschaltet
D Luftschraube zum Bremsen auf größte Drehzahl gestellt
Geradeausflug, bis richtiger Abkippunkt erreicht ist
(Durch Sichtmarken an der Vollsichtkanzel festzustellen.)
Höhenruder von Hand gegenhalten
Abkippen durch Nachdrücken von Hand
Sturzflug
Pilot: Anvisieren des Zieles durch das Reflexvisier. Laufende Korrektur der Flugbahn mit allen 3 Rudern.
Beobachter: Kontrolle der Bahnneigung nach dem Horizont durch Sichtmarken am Führerraumdach.
Möglichkeiten des Eingreifens bei Gefahr
A Bombenknopf vorzeitig drücken, dadurch gleicher Vorgang wie bei 10
oder
B Rücktrimmknopf drücken, Flugzeug fängt selbsttätig ab, ohne daß Bomben fallen
oder
C Abfangen von Hand
* Reihen-Abwurfgerät für Bomben
Hupe ertönt Pilot drückt auf Bombenknopf Dadurch automatisch
A Trimmklappe wird auf Abfangen gestellt und gibt elektr. Kontakt für Ablauf des RAB*
B Maschine fängt selbsttätig ab. RAB läuft ab und löst Bomben mit eingestelltem Zeitabstand aus
C Luftschraube wird auf normale Drehzahl gestellt
Sturzflughebel zurücklegen Dadurch automatisch
A Sturzflugbremsen einfahren
B Sicherheitssteuerung ausschalten
Reiseflug
(Gas geben, Kühler-Spreitzklappen öffnen, Bodenklappen zukurbeln)

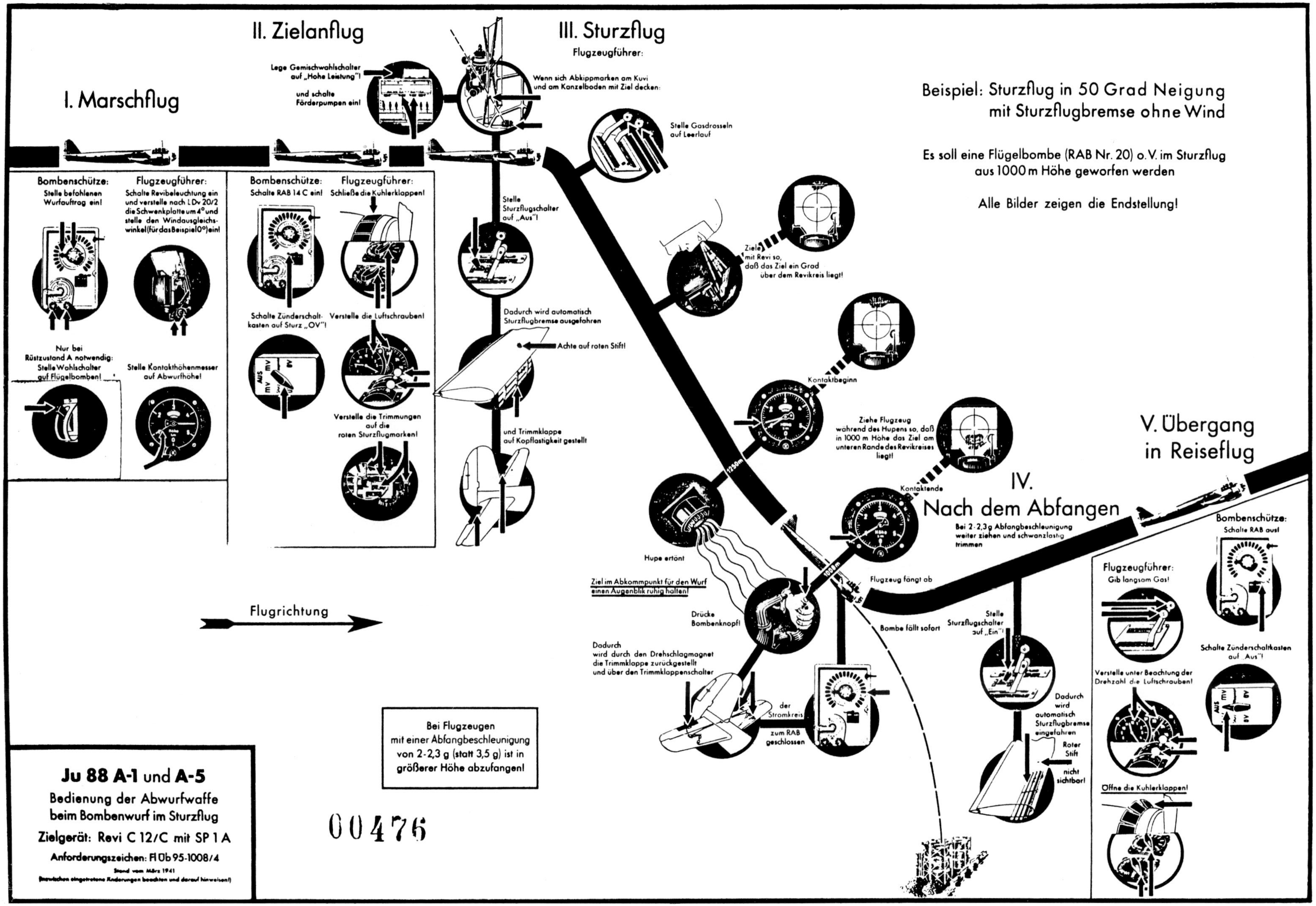
I. Marschflug
II. Zielanflug
III. Sturzflug
IV. Nach dem Abfangen
V. Übergang in Reiseflug
Beispiel: Sturzflug in 50 Grad Neigung mit Sturzflugbremse ohne Wind
Es soll eine Flügelbombe (RAB Nr. 20) o.V. im Sturzflug aus 1000 m Höhe geworfen werden
Alle Bilder zeigen die Endstellung!
Bombenschütze: Stelle befohlenen Wurfauftrag ein!
Flugzeugführer: Schalte Revibeleuchtung ein und verstelle nach LDv 20/2 die Schwenkplatte um 4° und stelle den Windausgleichswinkel (für das Beispiel 0°) ein!
Nur bei Rüstzustand A notwendig: Stelle Wahlschalter auf Flügelbomben!
Stelle Kontakthöhenmesser auf Abwurfhöhe!
Lege Gemischwahlschalter auf „Hohe Leistung"!
und schalte Förderpumpen ein!
Bombenschütze: Schalte RAB 14 C ein!
Flugzeugführer: Schließe die Kühlerklappen!
Schalte Zünderschaltkasten auf Sturz „OV"!
Verstelle die Luftschrauben!
Verstelle die Trimmungen auf die roten Sturzflugmarken!
Flugzeugführer:
Wenn sich Abkippmarken am Kuvi und am Kanzelboden mit Ziel decken:
Stelle Sturzflugschalter auf „Aus"!
Dadurch wird automatisch Sturzflugbremse ausgefahren
Achte auf roten Stift!
und Trimmklappe auf Kopflastigkeit gestellt
Stelle Gasdrosseln auf Leerlauf
Ziele mit Revi so, daß das Ziel ein Grad über dem Revikreis liegt!
Kontaktbeginn
1250 m
Ziehe Flugzeug während des Hupens so, daß in 1000 m Höhe das Ziel am unteren Rande des Revikreises liegt!
Kontaktende
Hupe ertönt
Ziel im Abkommpunkt für den Wurf einen Augenblick ruhig halten!
Drücke Bombenknopf!
Dadurch wird durch den Drehschlagmagnet die Trimmklappe zurückgestellt und über den Trimmklappenschalter
der Stromkreis zum RAB geschlossen
1000 m
Flugzeug fängt ab
Bombe fällt sofort
Bei 2-2,3 g Abfangbeschleunigung weiter ziehen und schwanzlastig trimmen
Stelle Sturzflugschalter auf „Ein"!
Dadurch wird automatisch Sturzflugbremse eingefahren
Roter Stift nicht sichtbar!
Flugzeugführer: Gib langsam Gas!
Verstelle unter Beachtung der Drehzahl die Luftschrauben!
Öffne die Kühlerklappen!
Bombenschütze: Schalte RAB aus!
Schalte Zünderschaltkasten auf „Aus"!
Flugrichtung
Bei Flugzeugen mit einer Abfangbeschleunigung von 2-2,3 g (statt 3,5 g) ist in größerer Höhe abzufangen!
Ju 88 A-1 und A-5
Bedienung der Abwurfwaffe beim Bombenwurf im Sturzflug
Zielgerät: Revi C 12/C mit SP 1 A
Anforderungszeichen: Fl Üb 95-1008/4
Stand vom März 1941
00476

Als Triebwerk erhielt die A-1 zwei Jumo 211 B oder G mit VDM Luftschrauben. Die Abwehrbewaffnung bestand aus einem MG 15 im Bug (A-Stand), erst eins, dann zwei MG 15 im hinteren Cockpitbereich (B-Stand) und einem weiteren MG 15 in der unteren Rumpfgondel (C-Stand). Es konnten zwei 1000 kg Bomben an den inneren Flügeln oder die gleiche Last an kleineren Bomben im Bombenschacht mitgeführt werden.
Die Ju 88 A-5 besaß vergrößerte Tragflächen, als Defensivbewaffnung im C-Stand trug sie serienmäßig zwei MG 15, zudem konnte man eine SC 1800 sowie eine SC 1000 an den Tragflächen ETC mitführen. Die Treibstoffkapazität betrug 3580 Liter.
Ab August 1940 erreichten die Sturzkampfbomber Ju 88 A-1 und A-5 in größerer Zahl die Frontverbände, etwas später folgte die sturzkampffähige Ju 88 A-4. Der erste Prototyp für diese Serie, die Ju 88 V 21 (D-ACBO), flog am 1. November 1940. Später wurde die Maschine als D-1 Prototyp (bewaffneter Aufklärer) umgerüstet. Dem Erstflug der V 21 ging ein halbes Jahr Entwicklungsarbeit voraus, welche insbesondere den Einbau der leistungsstärkeren Jumo 211 J diente. Hierbei wurde auch die Flügelfläche vergrößert. Zudem konnte die Abwehrbewaffnung durch Verwendung der MG 81 I und MG 81 Z, letzteres im C-Stand nach hinten feuernd, verbessert werden. Für die Schiffsbekämpfung und gegen Truppenansammlungen war der Einbruch einer 20-mm-MG-FF-Kanone im Bug jederzeit möglich.
Im August 1942 flogen erstmals zwei Prototypen der Ju 88 A-14 in Dessau. Dieser Typ war eine Ableitung aus der Ju 88 A-4, jedoch mit Kuto-Nase (Ballonschneidegerät, wie es auch bei den Do 217 des KG 2 und KG 40 Verwendung fand). Außerdem besaß die A-14 zwei ETC 1000 an den inneren Tragflächen sowie serienmäßig ein MG FF im Bug.

Im August 1940 wurden sechs Ju 88 A-1 mit dem modifizierten BZA Bombenvisier ausgerüstet, während zehn andere Maschinen mit dem "BoRevi" zum III./KG 4 zur Truppenerprobung gingen.
Ende 1940 lieferte Junkers vermehrt Ju 88 A-5 mit fünf MG 15 oder einem 20-mm-MG-FF im Bug und mit M 81 Z im Abwehrstand an die Truppe. Es folgte auch vermehrt der Einbau von fünf MG 81 anstatt der MG 15. Mit der Ablieferung der neuen Ju 88 A-4 und A-5 gingen die älteren Versionen an die Fliegerschulen.
Nach der "Luftschlacht um England" folgten weitere Einsätze der Ju 88 während des Balkanfeldzuges und im Mittelmeerraum. Am 22. Juni 1941 begann die Offensive gegen die Sowjetunion. Bis zum Ende des Jahres fanden allein 70 Einsätze gegen Moskau statt. Im Winter 1941/42 zeigten sich dann die Unzulänglichkeiten des offensiven Luftkrieges. Es fehlte an Bombern mit großer Reichweite zur Bekämpfung der Industriezentren hinter dem Ural.
Nach der Umbildung der Stukageschwader in die Schlachtverbände konzentrierte sich die Aufgabe der Ju 88 auf Angriffe gegen die sowjetischen Offensivspitzen sowie Einsätze gegen alliierte Konvois und Kriegsschiffe im Atlantik, Mittelmeer und im Bereich der Britischen Inseln.

Eine Nahaufnahme des C-Standes einer Ju 88 A-1 mit Ikaria-Lafette und MG 15.

Die Baureihen der Junkers Ju 88 A

Baureihe	Verwendung	Triebwerke	Bemerkungen
Ju 88 A-1	Sturzkampfbomber	Jumo 211 B/G	Baugleich zu A-0 (Nullserie)
	Schulflugzeug	Jumo 211	Umbau auf Doppelsteuerung. sonst Ju 88 A-1
Ju 88 A-2	Kampfflugzeug (katapultfähig)	Jumo 211 B/G	Zelle der Ju 88 A-1, keine Serienfertigung
Ju 88 A-3	Schulflugzeug	Jumo 211 B/G	Umrüstung Ju 88 A-1 mit Doppelsteuerung
Ju 88 A-4	Kampfflugzeug	Jumo 211 J	Weiterentwicklung der Ju 88 A-5
Ju 88 A-4/torp.	Torpedobomber (LT)	Jumo 211 J	Umrüstung aus Ju 88 A-4 mit LT-Anlage
Ju 88 A-4/trop.	Kampfflugzeug (tropentauglich)	Jumo 211 J	Umrüstung aus Ju 88 A-4 mit Tropenausstattung
Ju 88 A-5	Kampfflugzeug	Jumo 211 B/G	Ju 88 A-1 mit vergrößerter Tragfläche
Ju 88 A-6	Kampfflugzeug m. Ballonabweiser	Jumo 211 B/G	Um- und Rückrüstung aus bzw. zur A-5
Ju 88 A-7	Behelfsschulflugzeug	Jumo 211 B/G	Umbau aus Ju 88 A-5 mit Doppelsteuer geplant
Ju 88 A-8	Kampfflugzeug m. Ballonabweiser	Jumo 211 J	Umbauauftrag aus Ju 88 A-4 storniert
Ju 88 A-9	Kampfflugzeug (tropentauglich)	Jumo 211 B/G	Bezeichnung der Ju 88 A-1 mit Tropenausrüstung
Ju 88 A-10	Kampfflugzeug (tropentauglich)	Jumo 211 B/G	Bezeichnung der Ju 88 A-5 mit Tropenausrüstung
Ju 88 A-11	Kampfflugzeug (tropentauglich)	Jumo 211 J	Bezeichnung der Ju 88 A-4 mit Tropenausrüstung
Ju 88 A-12	Schulflugzeug	Jumo 211 B/G	Umbau aus Ju 88 A-5 mit breitem Rumpf 1943
Ju 88 A-13	Tiefangriffsflugzeug	Jumo 211 J	Nur Versuchsmuster mit neuer Bombenanlage
Ju 88 A-14	Kampfflugzeug mit Kutonase	Jumo 211 J	Umbau aus Ju 88 A-4, zusätzlich MG FF im Bug
Ju 88 A-15	Sonderkampfflugzeug	Jumo 211 J	Umrüstung aus Ju 88 A-4 mit neuer Bombenanlage
Ju 88 A-16	Schulflugzeug	Jumo 211 J	Umrüstung aus Ju 88 A-4 mit Doppelsteuer
Ju 88 A-17	Lufttorpedoträger	Jumo 211 J	Umbau aus A-4, ohne Bodenwanne, mit LT-Anlage

Die frühe Ausführung der Sturzflugbremse einer Ju 88 A-0-Maschine.

Insbesondere die Produktion der Ju 88 A-4, A-4/trop. und A-14 erfolgte bei Arado in Brandenburg, ATG nahe Leipzig, Dornier in Wismar, Heinkel in Neuaubing (München), Henschel in Berlin-Schönefeld sowie Junkers. Modifizierungen wurden bei zahlreichen Reparaturfirmen durchgeführt. Die DLH in Berlin Staaken fertigte spezielle Umbauversionen. Im letzten Kriegsjahr verteilte sich die Produktion aber über das gesamte Reichsgebiet.

Neben der Ju 88 forderte das RLM auch für die weiteren zweimotorigen Bomber Sturzkampffähigkeit. Dornier versuchte dies bei der Do 217 mit der Hecksturzflugbremse zu bewerkstelligen, was jedoch nur teilweise gelang. Die Kräfte auf den Rumpf waren zu groß. So blieb dieser Typ, wie auch die weiteren mehrmotorigen Kampfflugzeuge, zumeist reiner Horizontalbomber.

Eine Ju 88-Nullserienmaschine beim Kampfgeschwader 30.

Unten: Zur 1. Staffel des KG 30 gehörte dieser Ju 88 A-0-Sturzkampfbomber, der in Norddeutschland stationiert war.

AUSBILDUNGSWESEN DER JUNKERS FLUGZEUG- UND -MOTORENWERKE
AKTIENGESELLSCHAFT DESSAU

Geräte und Bedienhebel der Ju 88

Blatt 1

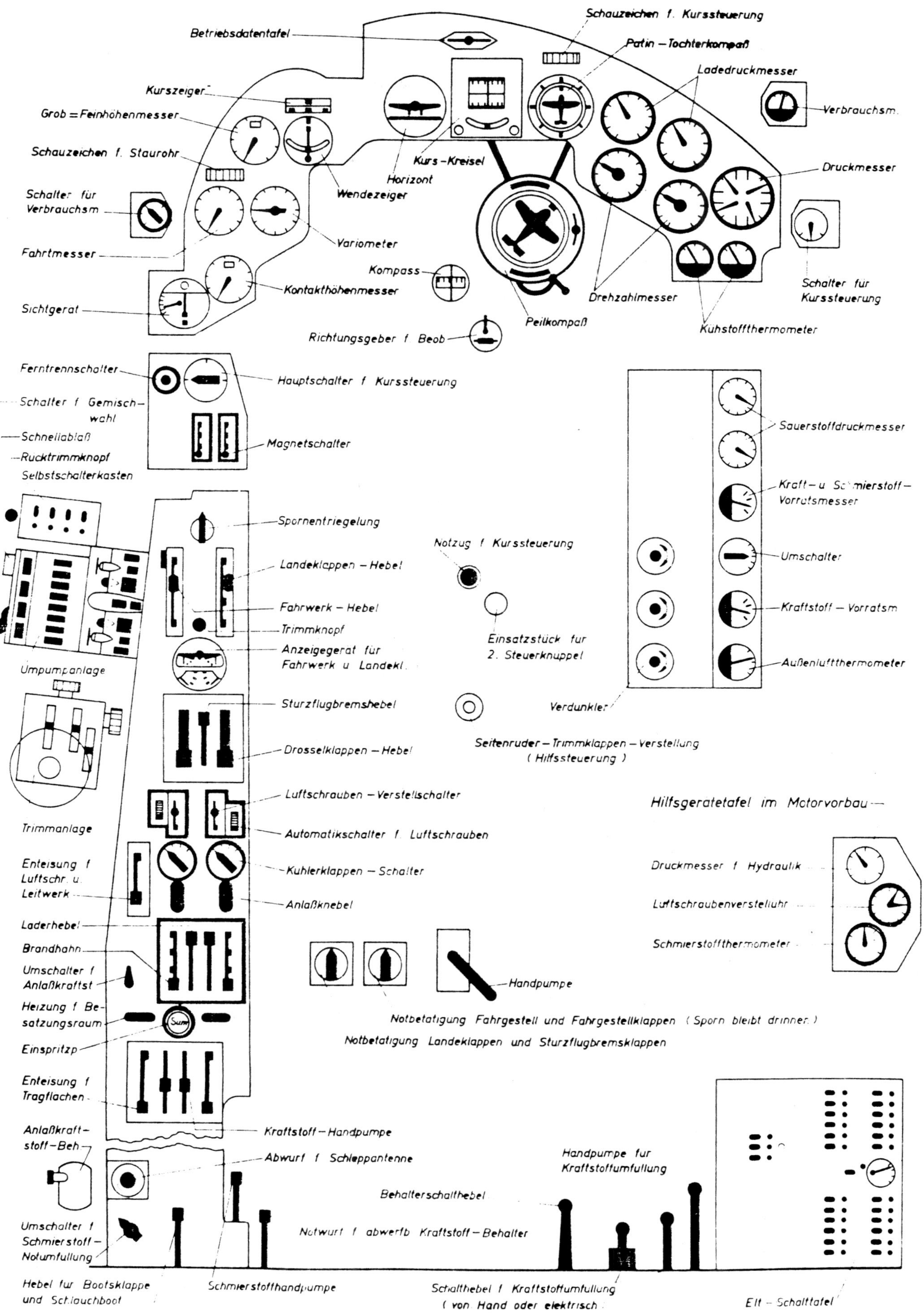

Nur für Dienstgebrauch

Der Sturzkampfbomber Ju 88 A-1 (9K+HS, Werk-Nr. 299) wurde unbewaffnet zur Besatzungsschulung beim KG 51 verwandt. (BA)

Bei Sturzkampfangriffen kam diese frühe Ju 88 A-1 der 1./KG 77 zum Einsatz.

Unten: Diese Ju 88 A-1 des KG 30 nahm an Einsätzen gegen die Royal Navy teil.

Diese ausgediente Ju 88 A-5 wurde nach der Einführung der Baureihe Ju A-4 von einer C-Schule in Mitteldeutschland genutzt.

Oben:
Endkontrolle bei der SC 50-Bombenproduktion.

Rechts:
Einhängen von SC 50-Bomben in den Waffenschacht.

Serienbau der Ju 88 A-1 bei Junkers im Werk Dessau.

Eine Ju 88 A-5 des Lehrgeschwader 1 auf der Kompensierscheibe.

TECHNISCHE DATEN EINIGER JUNKERS STURZKAMPFFLUGZEUGE

Baumuster		Ju A 48 fi	Ju 87 A-1	Ju 87 B-1	Ju 87 D-1	Ju 88 A-4
Besatzung		1 – 2	1 (2)	2	2	4
Triebwerk		Jupiter IV	Jumo 210 D	Jumo 211 A	Jumo 211 J	2 Jumo 211 J
Leistung	(kW)	440	530	880	890	2 x 890
Spannweite	(m)	12,40	13,00	13,20	13,80	20,08
Länge	(m)	8,55	10,80	11,00	11,00	14,36
Höhe	(m)	– –	3,80	3,77	3,77	4,85
Flügelfläche	(m^2)	22,80	30,00	31,90	31,90	54,70
Leermasse	(kg)	1060	2270	2760	2810	8605
Startmasse	(kg)	1650	3320	4400	5720	13750 – 14000
Höchstgeschwindigkeit	(km/h)	320	320	350	354	455
Sturzgeschwindigkeit	(km/h)	– –	550	600	600	600 – 675
Dienstgipfelhöhe	(m)	8500	9430	8100	9000	9000
Steigzeit	(min)	2,2	8,0	8,8	14,0	23,0
auf	(m)	1000	2000	3000	3000	6000
Reichweite	(km)	570	995	800	1170	2040 – 3150
maximale Abwurflast	(kg)	100	500	1000	1600	3600
Bewaffnung		– –	1 MG 17 1 MG 15	2 MG 17 1 MG 15	2 MG 17 1 MG 81 Z	3 MG 81 I 1 MG 81 Z

Fritz X. Zobel · Jakob Maria Mathmann

DEUTSCHE JUNKERS JU 87 IM EINSATZ

Bereitstellung einer Ju 87 D mit einer SC 1000 (Nowarra)

DIE JUNKERS JU 87 IM EINSATZ

Den ersten Auftrag für die Sturzkampfausbildung, neben der Jagdfliegerschulung, erhielt das am 1. April 1934 in Döberitz aufgestellte JG 132. Aus Ermangelung eines Stukas nutze das Geschwader hierzu die He 50, ab Anfang 1936 die He 51. Nach den ersten Erfahrungen ging aus dem JG 132 am 28. März 1935 als erste Stukagruppe die Fliegergruppe Schwerin (später I./162), hervor. Am 1. April 1936 entstanden außer dem Stab und der I./162 in Schwerin, die II./162 in Lübeck-Blankensee; zuvor die I./165 in Kitzingen.

Die Fertigung der im Dezember 1935 vom RLM bestellten elf Nullserien-Flugzeuge begann im August 1936 und endete im Frühjahr 1937. Nach eingehenden Überprüfungen im Dessauer Junkers-Montagewerk trafen die Ju 87 A-0 zur Truppentauglichkeitserprobung bei dem I./StG 162 "Immelmann" ein. Zur Jahresmitte erfolgte die Zuführung von ersten Ju 87 A-1 an die Truppe, welche nahezu identisch mit der Nullserie waren. Bis Ende 1938 wurden 262 Ju 87 A endmontiert. Davon 192 Maschinen in Dessau, die restlichen 70 Flugzeuge bei Weserflug in Bremen.

Der erste Fronteinsatz des Stukas erfolgte ab Februar 1938 im Spanischen Bürgerkrieg bei der Kampfgruppe K 88 der Legion Condor. Im September 1936 flogen ein Nullserienflugzeug, und ab Januar 1937 drei Ju 87 A bei der J/88.

Während des Einsatzes wurden die Kampfbesatzungen routinemäßig durch neues Personal ersetzt, um möglichst vielen Piloten und Beobachtern den "scharfen Einsatz" zu ermöglichen.

Nach der General-Quartiermeister Meldung vom 1. September 1939 standen die I. und II./StG 77, die III./StG 51 (diese war dem StG 77 unterstellt und damit das einzige vollständige Geschwader), die I. und III./StG 2, die selbstständige II./StG 2, die I./StG 1, die I./StG 76, die IV. (Stuka)/LG 1 sowie 4. (St) 186 (T) mit Ju 87 A und B sowie eine Schlachtfliegergruppe, die II. (Schlacht)/LG 2, mit Hs 123 zum Einsatz gegen Polen bereit.

Im Feldzug gegen Norwegen wurde, besonders gegen Schiffsziele im dortigen Küstenraum und der Nordsee, nur die I./StG I eingesetzt.

Am 10. Mai 1940 verfügte die Luftwaffe über mehr als 340 Ju 87. Diese verteilten sich auf die I. und II./StG 77, I. und III./StG 51, die IV. (Stuka)/LG 1 und der I./StG 186 (T) sowie auf die ab dem 20. Juni noch aus Norwegen kommende I./StG 1. Ein Großteil dieser Verbände war dem VIII. Fliegerkorps unter Dr. Ing. Wolfram Freiherr von Richthofen unterstellt. Die Stuka-Einheiten traten besonders beim Angriff auf Fort Eben Emael aber

Zur Stukaschule gehörte diese kurz vor einem Übungsflug stehende Ju 87 A; gut sichtbar der Landescheinwerfer sowie das Staurohr.

DIE STURZKAMPFVERBÄNDE BIS KRIEGSBEGINN

Geschwader	Datum und Ort der Aufstellung		Verbleib/Bemerkung
I./StG 162	28.03.1935 01.10.1936 15.03.1937	Schwerin	aufgestellt aus JG als Fliegergruppe Schwerin, tritt friedensmäßig zum LG Greifswald und wird zur IV. (Stuka)/LG2
IV.(Stuka)LG 1	15.03.1937	Barth/Ostsee	
Stab/StG 162	01.04.1936	Schwerin	am 15.11.1936 aufgelöst
II./StG 162	01.04.1936	Lübeck-Blankensee	am 01.05.1937 umbenannt in I./StG 167
I./StG 165	01.03.1936	Kitzingen	wurde im April 1939 zum I./StG 77
Stab/StG 165	15.03.1937	Schweinfurt	wurde im April 1939 zum II./StG 77
II./StG 165	15.03.1937	Schweinfurt	wurde im April 1939 zum II.StG 77
III./StG 165	15.03.1937 31.09.1937	Wertheim	
I./StG 167	01.05.1937	Lübeck-Blankensee	in I./StG 168 umbenannt
I./StG 168	01.04.1938	Graz/Usedom	Umbenennung in I./StG 76
III./StG 162	15.03.1937	Anklam	umbenannt in I./StG 163
I./StG 163	01.10.1937 01.04.1939	Breslau-Strachwitz	von I./StG 2 übernommen
II./StG 163	01.11.1938	Langensalza	aufgestellt aus Fliegergruppe 50, umbenannt in III./StG 2
I./StG 162 (neu)	01.11.1938	Jever	Neuaufstellung aus Fliegergruppe 30, April 1939 Umbenennung in StG 2
I./StG 160	01.11.1938	Insterburg	entstand aus der im Oktober 1938 in Tutow zusammengesetzten Alarmeinheit der Fliegergruppe 10; Umbenennung in StG 1
4.(St)/186	01.10.1938	Kiel-Holtenau	wurde später zur III./StG 1
I./StG 1	01.06.1939	Insterburg	
I./StG 2	01.04.1939	Cottbus	
II./StG 2	01.04.1939	Stolp-Reitz	entstand durch Umbenennung des I./StG 162 (Neu); Übernahme der I. und II./StG 163
III./StG 2	01.04.1939	Langensalza	
III./StG 51	01.04.1939	Wertheim	
I./StG 76	01.05.1939	Graz-Thalerhof	
I./StG 77	01.05.1939	Brieg	
II./StG 77	01.05.1939	Breslau Schöngarten	
Stab/StG 77			

Zur Stukaschule 2 in Foggia gehörte diese Ju 87 A-2. Die Stuka-Ausbildung wurde wegen der beständigeren Witterung teilweise in Italien durchgeführt.

auch gegen Schiffsziele im Seegebiet von Calais und Dünkirchen hervor. Desweiteren unterstützen sie die vorrückenden Panzerspitzen und Feldverbände.
Bei der Luftschlacht um England erreichten die Stukaverbände erstmals volle Geschwaderstärke. Dem II. Fliegerkorps unterstand die VI. (Stuka)/ LG 1, beim V. Fliegerkorps flog das StG 3 und im VIII. Fliegerkorps standen die Stukageschwader 1, 2 und 77 zur Verfügung. Ab Mitte Juni 1940 begannen Angriffe gegen Geleitzüge im Ärmelkanal sowie Flugplätze und andere Ziele an der Südküste Englands. Der ab dem 1. August des gleichen Jahres durch Hitler angewiesene "verschärfte Luft- und Seekrieg gegen England" führte bei den Stukaverbänden zu steigenden Verlusten durch britische Jagdflugzeuge, welche einen Abzug der Stukaeinheiten nach sich zog. Der letzte Einsatz von Ju 87 gegen England erfolgte bis Mitte November 1940 durch die 1. und 9./StG 1, 3./StG3 und III./StG 1. Im Januar 1941 begann teilweise die Verlegung in den Mittelmeerraum.
Die I./StG 1 und II./StG 2 flog von Sizilien aus Angriffe gegen die britische Flotte. Dabei kam es zur Beschädigung beziehungsweise Versenkung des Flugzeugträgers "Illustrious" und des schweren Kreuzers "Southampton". Desweiteren folg-

Oben:
Blick auf den Flugzeugführer der Stukaschule Schweinfurt (1938) in seiner Ju 87 A.

Unten:
Rückwärtige Ansicht aus der Sicht des Bordfunkers und -schützen (Ju 87 A-1).

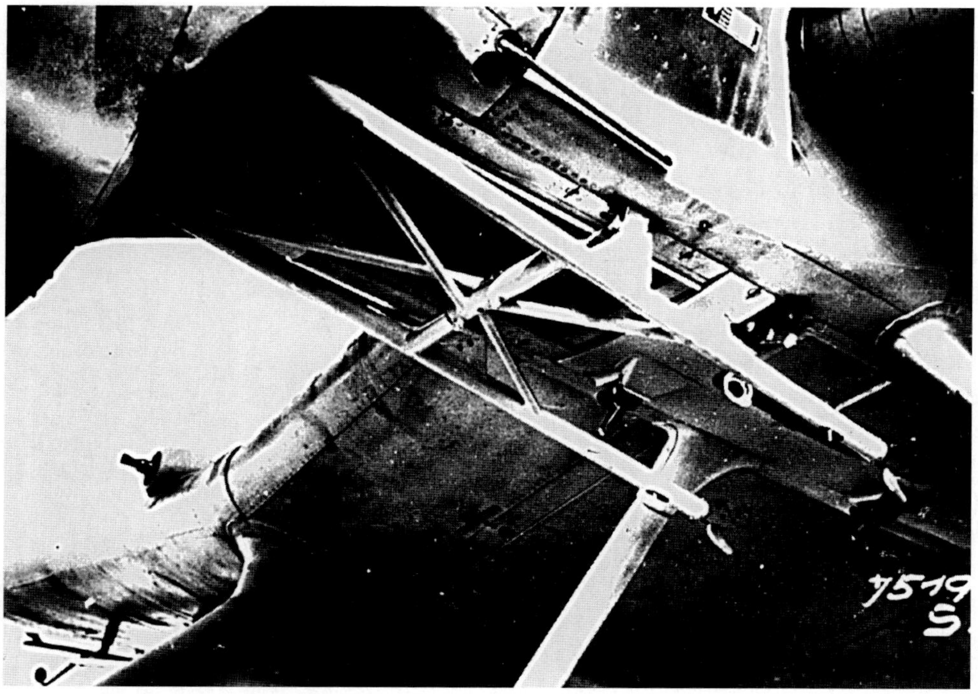

Die Ju 87 A-1 und A-2 konnten eine schwere Abwurflast, die mittels eines Bügels aus dem Bereich der Luftschraube gelenkt wurde, mitführen.

Rechts:
Frontansicht der ETC für die SC 50-Lasten.

Eine als Schulmaschine verwendete Ju 87 A mit gut erkennbarer Sturzflugbremse.

Zur Stukaschule in Insterburg/Ostpreußen gehörte 1938 diese Ju 87 A, die hier gerade mit einer schweren Abwurflast versehen wird.

In Spanien waren drei Ju 87 A bei der Gruppe J/88 als 5. Staffel im Einsatz

Der ständige Austausch der Besatzungen in Spanien sorgte im Sommer 1938 dafür, daß zahlreiche Piloten und Bordfunker Einsatzerfahrungen mit der Ju 87 sammeln konnten.

Unten:
Bei der Einweisung eines jungen Piloten kam es zu diesem trotz zerstörter Zelle glimpflich verlaufenen schweren Bruch.

ten Angriffe auf Flugplatz- und Hafenanlagen von Malta.
Unter dem VIII. Fliegerkorps befanden sich im April 1941 die I. und III./StG 2, die II./StG 1 (frühere III./StG 51), die I./StG 3 (frühere I./StG 76) die II. (Schlacht)/LG2, unter dem "Fliegerführer Arad" die I. und III./StG 77 sowie unter "Fliegerführer Graz" die II. Gruppe des StG 77 in Griechenland und Balkangebiet im Einsatz.
Bei der Luftlandung auf der Insel Kreta im Mai 1941 und dem anschließenden "Unternehmen Merkur" erzielte das Stukageschwader 2 große Erfolge. Unter anderem versenkte das Geschwader zwei Kreuzer und vier Zerstörer.
Die Kampfhandlungen in Afrika wurden zunächst durch die III./StG 1 und I./StG 3 unterstützt. Ab Juni 1941 folgten zwei Gruppen des StG 3 nach. Im November 1942 kam außerdem die I./StG 2 hinzu. Das Stukageschwader 3 blieb bis Ende des Afrika-Korps im April 1943 im Einsatz in Afrika. Bei Beginn des "Unternehmens Barbarossa" standen 290 Ju 87 zur Verfügung. Diese waren dem VIII. Fliegerkorps (StG 1 und 2), II. Fliegerkorps (StG 77) und dem "Fliegerführer Kirkenes" (IV. (Stuka)/LG 1) unterstellt. Hinzu kamen die Bf 110 des SKG 210, ab Januar 1942 das SG 1, Ende 1943 das StG 3 aus Afrika, ab Juli 1944 zeitweise das

ÜBERSICHT ÜBER DIE STUKA VERBÄNDE AB KRIEGSBEGINN

Verband	wichtige Einsatzorte	Bemerkungen
StG 1	September 1939 Polen April 1940 Norwegen Juli 1940 Frankreich Februar 1941 Mittelmeer Januar 1943 Nordrussland	wird Anfang 1944 als SG 1 auf Fw 190 umgerüstet
StG 2	September 1939 Polen Juni 1940 Frankreich Januar 1941 Rumänien,Griechenland, Sizilien Juni 1941 Russland Mitte und Süd	im Oktober 1943 Umbenennung in SG 2 und Umrüstung auf Fw 190 vorgesehen
StG 3	August 1940 Frankreich Januar 1941 Rumänien,Griechenland Januar 1942 Mittelmeer	im Oktober 1943 Umbenennung in SG 3 und Umrüstung auf Fw 190 vorgesehen
StG 5	1942 Finnland November 1943 Nordrussland Dezember 1943 Südrussland Januar 1944 Nordrussland April 1944 Finnland	im Oktober 1943 in SG 5 umbenannt, ab Juni 1944 Umrüstung auf Fw 190
StG 51	September 1939 Polen Mai 1940 Westfront (nur III: Gruppe)	I. und II. Gruppe vor Kriegsbeginn in II./StG 77. Gruppe am 6 Juni 1940 in II./StG 1 umbenannt
StG 76	September 1939 Polen Mai 1940 Frankreich	nur I. Gruppe aufgestellt, wurde im Herbst 1940 zur I./StG 3
StG 77	September 1939 Polen Mai 1940 Frankreich Juni 1941 Russland	im Oktober 1943 wurde II. Gruppe zur I./SG 10, I. und III./StG 77 zum SG 77
StG 101	ab Sommer 1943 Schulverband	Oktober 1943 Umbenennung in SG 103
StG 102	ab Sommer 1943 Schulverband	Oktober 1943 Umbenennung in SG 102
StG 103	ab Oktober 1943 Schulverband	im Februar 1945 der 3. Flieger-Schuldivision unterstellt, ab 1. April 1945 Personalabgabe an SS-Brigade "Westfalen"
StG 151	ab Sommer 1943 Balkan	Luftwaffenstab Kroatien unterstellt
Trägergruppe 186	1. Oktober 1938 als Versuchsstaffel für Trägereinsatz aufgestellt	wurde am 6. Juni 1940 zur III./StG 1
Rum. III. u. Ostfront IV. St. Gr.		am 26. Juni 1944 aufgestellt

Abgestellte Ju 87 A-1 und A-2 während eines Manövers, etwa 1938/39.

SG 4 mit zwei Gruppen sowie diverse Panzerjägerstaffeln und Nachtschlacht-Gruppen.
Anfänglich erfolgte der Einsatz der Ju 87 massiert zur Unterstützung der deutschen Angriffe. Ab 1943 konnte dann aber nur noch von einer "Feuerwehrfunktion" die Rede sein. Zu gering war die produzierte Stückzahl, zu hoch die Verluste und ein Nachfolger für die Aufgaben der Ju 87 ließ auf sich warten.
Nach der Kapitulation des Afrika Korps stand ab Mai 1943 das SG 2 mit zwei Gruppen bis zum 18. Oktober 1943, ab dem Juni 1943 das SG 4 bis Mai 1944 und seit dem Dezember 1943 die Nachtschlachtgruppe 9 an der italienischen Front.
Die Stukaverbände waren seit Aufstellungsbeginn zusammen mit den Kampfverbänden der Inspektion 2 unterstellt, während die Schlachtflieger sowie die Jagd- und Zerstörerverbände zur Inspektion 3 gehörten. Dies führte häufig zu Problemen in der Einsatzplanung. Erst im September 1943 schuf Generaloberst Günter Korten als neuer Generalstabschef eine eigene Dienststelle, in der alle Stuka- und Schlachtfliegergruppen beim "General der Schlachtflieger" (ab 1. Sept. 1943 unter Leitung des bisherigen Kommodores der StG 2 Oberstleutnant Dr. Ernst Kupfer) vereint wurden. Dies führte auch zur Umbenennung der Sturzkampf-, Schnellkampf- und Panzerjägerverbände in Schlachtfliegerverbände. Dadurch waren diese Einheiten dem Ob.d.L. direkt unterstellt.

Trotz der Erfolge der Ju 87 begann ab 1943 die Ablösung durch die Fw 190 A/F als Schlachtflugzeug. Am 5. Oktober 1943 erließ das OKL (Abteilung 2) Befehl zum Aufbau der Schlachtfliegerverbände. Zwei Tage später folgte die Anordnung zur Schaffung der Nachtschlachtverbände aus den bisherigen Störkampfstaffeln. Am 18. Oktober des gleichen Jahres wurden die Nachtkampfverbände in Schlachtgeschwader umbenannt und die Umrüstung von Ju 87 auf Fw 190 begonnen.
Aus den St.G 1, 2, 3 und 77 wurden die SG 1, SG 2, 3 und 77. Die I./StG 5 wurde I./SG 5 und die neugeschaffene IV.(Pz)/SG 9 vereinte die bisherigen fünf Panzerjägerstaffeln. Das im Januar 1942 aus der II. (Schlacht)/LG 2 mit zwei Gruppen entstandene Schlachtgeschwader 1 wurde aufgelöst. Da die II./StG 77 und II./StG 2 noch als Stukagruppen im Einsatz blieben, benannte man die bisherige I./SG 1 in II./SG 77 und die II. Gruppe in II./SG 2 um. Das in Afrika und Italien kämpfende SG 2 wurde mit seinen zwei Gruppen ebenfalls aufgelöst und umbenannt: Der Stab bildete nun den Stab/SG 4, die I. Gruppe das I./SG 10 und die II. Gruppe die I. Gruppe des neu entstandenen SG 4. Das im Dezember 1940 aufgestellte SKG 10 wurde SG 10, die II. und III. Gruppe trat zum bereits erwähnten SG 4 über.

Wie schon die Ju 87 A wurden auch einige Ju 87 B im Spanischen Bürgerkrieg taktisch erprobt.

JUNKERS JU 87 B

Mit der Verfügbarkeit des neuen 810 kW (1100 PS) starken Jumo 211 A-Motors überarbeitete Hermann Pohlmann die Ju 87 A und beseitigte die meisten Schwächen der "Anton". Der neue Entwurf unterschied sich zellenseitig nicht wesentlich von der A-Serie. Jedoch erhielt die nun vierteilige Kabinenhaube ein Schiebedach, Einzelantennenmast und eine neue Befestigung der Abwehrwaffe. Das Fahrwerk wurde schlanker, leichter und aerodynamisch ausgefeilter. Ebenso wurden der Rumpfbug neu konstruiert und die technische Ausrüstung modernisiert. Die Bewaffnung und Beladungsmöglichkeiten änderten sich ebenso wie die Sturz- und Höchstgeschwindigkeit. Insbesondere kam eine Abweisgabel zum Einbau, welche die zentral aufgehängte Bombe beim Abwurf im Sturz vom Rumpf weg an dem Luftschraubenkreis vorbeiführte. Den vermutlich drei Versuchsmustern Ju 87 V 6 bis V 9 folgten zehn Vorserienmaschinen. Mit diesen konnte bis Sommer 1938 eine Vielzahl an Flugerprobungen und Tests erfolgreich beendet werden. Ab Oktober des gleichen Jahres folgte dann die Serienproduktion der Ju 87 B-1. Vermutlich fünf Maschinen aus diesem ersten Fertigungslos gingen nach Spanien, um dort unter Einsatzbedingungen die Erprobung fortführen zu können.

Das höhere Gewicht des stärkeren Triebwerkes veränderte die mittlere Schwerpunktlage der B-Serie, was zur Änderung der Tragflächen-Rumpfverbindung führte. Auch die Fahrwerksverkleidung wurde nochmals unter Berücksichtigung der Aerodynamik überarbeitet.

Daneben erhielt die B-1-Version einen verbesserten Kabinenaufbau mit Schiebehaube und Linsenlafette für das MG 15. Zusätzlich kam eine MG 17 auch in der linken Tragfläche zum Einbau. Weiter verfügte die Maschine über ein hydraulisches Abfangsystem, welches ab 1938 auch bei der Ju 88 erprobt wurde. Außerdem war die Ju 87 B-1 - im Gegensatz zur A-Serie - nun in der Lage eine 500 kg Bombe unter dem Rumpf oder äquivalent eine 250 kg Bombe und vier 50 kg Bomben unter den Tragflächen zu transportieren, ohne wie bei der A-Version auf das zweite Besatzungsmitglied zu verzichten.

Zu Beginn des zweiten Weltkrieges verfügten die neuen Gruppen der fünf Stukageschwader StG 1, 2, 51, 76 und 77, die IV. (St)/Lehrgeschwader 1 und eine Marinestaffel über die Ju 87 B-1. Der Weser-Flugzeugbau in Bremen gelang ab Mitte 1939 ein monatlicher Ausstoß von 60 Flugzeugen, so daß die einheitliche Umstellung der genannten Stuka-Gruppen auf die Ju 87 B-1 zum September 1939

Eine frühe Ju 87 B-1 während des Einflugbetriebs im Junkers Stammwerk Dessau.

Musterflugzeug der Ju 87 B-1 während der Werkserprobung in Dessau.

Diese Ju 87 B-1 gehörte zum Bestand der I. Gruppe des Sturzkampfgeschwaders (StG) 1 und besaß noch einen ungepanzerten Heckstand.

vollzogen werden konnte. Mit diesem Rüstbestand von über 360 Ju 87 B stellte der Stuka zu dieser Zeit 23 % der verfügbaren operativen und taktischen Bombenträger der Luftwaffe.
Nach Einführung der Ju 87 B fand die A-Serie Verwendung als Schulflugzeug für neue Stuka-Piloten und -Funker/Schützen. Die im Dezember 1939 erscheinende Ju 87 B-2 unterschied sich von der B-1 hauptsächlich durch die Verwendung des stärkeren Jumo 211 Da Triebwerks mit 883 kW (1200 PS), welches (zusätzlich) zu einer Änderung des Propellers führte. Daneben wurden einige Verbesserungen an der Zelle, der Auspuffanlage und der Ölkühlung durchgeführt. Auch erhielt diese Version verkleidete Flügelwaffenöffnungen sowie eine Schußkamera.
Bis Winter 1940/41 waren bei den Kampfverbänden mehr als die Hälfte aller B-1 Maschinen durch die neue Version ersetzt, welche sogleich ihre Aufgaben bei Angriffen gegen England erfüllen mußte. Hier zeigte sich dann auch, daß der Einsatz der Ju 87 nur bei eigener Luftüberlegenheit tragbar war. Das Flugzeug galt 1940 bereits als veraltet wegen der zu geringen Motorleistung und Waffenzuladung. Nur die hohe Trefferquote rechtfertigte noch den Einsatz.
Ein weiteres Problem stellte die geringe Reichweite dar. So begann man an den Unterflügelstationen zwei 300 l Zusatztanks anzubringen, um die Reichweite auf 1250 km zu steigern. Mit dieser Ausrüstung erhielt die Ju 87 B die Bezeichnung Ju 87 R für "Reichweitenversion". Die I./StG 1 in Norwegen erhielt die ersten Ju 87 R-1. Es folgte das Stukageschwader 2. Ab Frühjahr 1941 stand im Mittelmeerraum die Ju 87 R-2 zur Verfügung.
Neben dieser Reichweitenversion gab es noch einige Umrüstsätze; beispielsweise U-2 für eine verbesserte Eigenverständigungsanlage, U-3 für eine zusätzliche Führerraumpanzerung sowie U-4 für eine Skiausstattung anstelle des Hauptfahrwerks. Für den Afrikafeldzug folgte dann noch eine tropentaugliche Version der Ju 87 B oder R mit der Bezeichnung "/trop". Neben einem geänderten Tarnanstrich umfaßte die Umrüstung auch besondere Luftfilter und ein spezielles Überlebenspaket für die Besatzung.

Um die Reichweite der Ju 87 B wesentlich zu verbessern, kam bereits im Frankreich-Feldzug die Bauausführung „R“ heraus, die in der Regel aus umgerüsteten Ju 87 B hervorging. Im Hintergrund das Verbindungsflugzeug, eine Fw 58 „Weihe“.

Einsatzvorbereitung bei der III./StG 1. Die Maschine weist das Rumpfemblem einer Staffel der früheren I. (St.)/186 (T) auf, die für den Stuka-Einsatz vom Flugzeugträger "Graf Zeppelin" bestimmt war.

Übungsbetrieb bei der III.StG 1 vor den Einsätzen im Feldzug gegen Polen 1939.

Die III./StG 51 wurde später zur II. Gruppe des StG 1 (6G+).

Start dreier Ju 87 B-1 des StG 51 im Westen.

Flug, einer Stukastaffel über Frankreich.

Obwohl die Luftwaffe 1940 nahezu die Luftherrschaft über Westeuropa besaß, blieben Beschädigungen infolge Feindeinwirkung nicht aus.

Zum Einsatzflug gegen Bodenziele in Nordfrankreich starten diese Ju 87 B-1. Im Vordergrund die Fläche einer Ju 52/3m, die als Versorgungsmaschine Nachschub herangeschafft hatte.

Triebwerkswechsel bei einer Ju 87 B, die zwischen zwei Erdwälle, gegen Splitterbomben wenigstens teilweise geschützt, gerollt worden war. Den Triebwerkswechsel erleichterte ein auf einem Opel-LKW aufgebauter Spezialkran.

Unten:
Auch mittels eines Flaschenzugs ließ sich der Triebwerkswechsel durchführen.

Die nach dem Abfangen vom Abwehrfeuer des Gegners verursachten Verluste führten dazu, daß der Defensivstand eine immer stärkere Panzerung erhielt.

Unten:
Zur III. Gruppe des StG 77 gehörte ab Mai 1939 diese Ju 87 B-1.

Links:
Die T6+PW gehörte zum Bestand des StG 2 und kam mit vier SC 50 sowie einer SC 500 zum Einsatz in Nordafrika.

Oben:
Gut getarnt warten diese Maschinen auf den nächsten Einsatz; die Piloten vertreiben sich einstweilen beim Skat die Zeit.

Diese Ju 87 B der III./StG trägt noch die Stammkennzeichen. Unter den Flächen der über der Sowjetunion eingesetzten Maschine hängen drei SC 250, von denen zwei mit Abstandszünder ausgerüstet waren.

Eine frühe Ausführung der Baureihe Ju 87 R-1, die noch den ungepanzerten Heckstand aufweist.

Ju 87 B-1 der Stukaschule 1 (FAG)

Nahaufnahme der Aufhängung des 300 l-Abwurfbehälters unter dem Flächen-ETC.

Unten:
Die Mittelmeerküste hinter sich lassend, kehrt diese Besatzung vom Einsatz zurück. Die Maschine ist mit einem Kennungsgerät FuG 25 ausgerüstet.

Von Nordnorwegen aus flogen Ju 87 R bis an die Grenze ihrer Reichweite Einsätze gegen Seeziele.

Infolge der großen Entfernungen kam die Ju 87 R außer in Rußland zumeist im Mittelmeer-Raum zum Einsatz. Diese Maschine gehörte zur 6./StG 1 (6G+).

Während des ersten Rußland-Winters entstanden diese Aufnahmen zweier Ju 87 R der II./StG 2, die mit 500 kg - Abwurflasten versehen sind.

Anfang 1942 entstand diese Aufnahme einer Ju 87 R-1, deren Abwurftanks für die Anbringung bereitliegen.

*Rechts:
Für den nächsten Einsatz bereitgelegte Bomben, die bereits für die Verwendung unter dem ETC vorbereitet werden. Im Vordergrund ein Beladewagen.*

Eine gegen Bodensicht gut getarnte Ju 87 R-2.

Für den Einsatz gegen Seeziele standen diese Ju 87 R-1, -noch ohne Bombenlast-, bereit.

Eine Ju 87 R als Schleppflugzeug für einen DFS 230-Lastensegler.

Zwei Schleppzüge über den Weiten Rußlands. Die DFS 230 sind jeweils mit einem beweglichen MG 15 armiert.

Unten: Nahaufnahmen der Schleppkupplung bei der Ju 87 R-2. Der Zustand der Maschinen läßt auf harte Einsatzbedingungen von Behelfsplätzen aus schließen.

JUNKERS JU 87 D

Bereits während des Polenfeldzuges zeigte sich die mangelnde Abwehrbewaffnung und Leistung der Ju 87 B. Da das RLM aber nicht auf die Wirksamkeit der Sturzkampfwaffe verzichten wollte, forderte es die Entwicklung eines modernen Nachfolgers für die Ju 87. Als Interimslösung sollte die Ju 87 B einen stärkeren Motor (Jumo 211 J) mit 1030 kW (1400 PS), eine verbesserte Bewaffnung (MG 81 Z), erhöhte Zuladung und größere Reichweite aufweisen. Besonderer Wert wurde auf eine Modifizierung des Fahrwerks sowie eine aerodynamischere Führerraumkabine und Bugsektion gelegt. Letzteres gelang durch Änderung der Ölkühleranlage und der Eintrittsöffnung für die Triebwerksluft. Im Dezember 1940 sollten Testflüge mit der Ju 87 V 21 bis V 23 - als Prototyp für die neue D-Serie - beginnen. Wegen Triebwerksproblemen (Jumo 211 F) verzögerte sich aber die Erprobung bis zum Frühjahr 1941.
Außerdem gab es Schwierigkeiten mit dem Fahrwerk. Dies führte zu einer Änderung der Fahrwerksbeinverkleidung mit flexibler Lederabdeckung.
Im Sommer 1941 ging die Ju 87 D-1 in Serie. Als erste Einheit wurde die I./StG 2 an der russischen Front im Januar 1942 mit der neuen Version ausgerüstet. In Nordafrika erschienen fast zeitgleich die ersten Ju 87 D-1/trop.
Die Ju 87 D-2 war eine Umrüstung aus der Ju 87 D-1 oder D-3 für den Lastenseglertransport und verfügte daher über eine Schleppvorrichtung ähnlich der der Ju 87 B/R.
Die Verwendung der Ju 87 D-4 als Torpedoträger stand mit Einsatz der He 111 H-6 und Ju 88 A-17 nicht mehr zur Diskussion.
Ab Mai 1942 traf die stärker gepanzerte Ju 87 D-3 bei den Einsatzverbänden ein.
Um den Anforderungen der Truppe gerecht zu werden, welche eine bessere Erdkampfunterstützung forderte, wurde ab Frühjahr 1943 die Ju 87 D-5 mit verstärkter Frontbewaffnung - zwei 20 mm MG 151 anstelle der MG 17 - ausgeliefert. Außer der geänderten Bewaffnung und einer vergrößerten Spannweite fanden auch mehrere technische Verbesserungen im Bereich der Ölschmierung, der Fahrwerksverkleidung, der Führerraumkabine und der Bombenabwurfsysteme Eingang in die Serie. Als erste Einheit erhielt die III./StG 2 während der Kursk-Offensive die Ju 87 D-5. Es folgten das - spätere - SG 1, 2, 3, 5, und 77.
Erwähnenswert ist noch der 1943/44 bei dem Metallwerk Niedersachsen in Hamburg-Harburg sowie den Firmen Brinkmann und Mergell (Menibum) erfolgte Umbau von etwa 300 Ju 87 D-3 und D-5 in die nachtkampffähige Version Ju 87 D-7 und D-8. Einsatzverbände für diese Flugzeuge waren vorwiegend die Nachtschlachtgruppen NSGR 1, 2, 4, 8, 9 und 10.
Bis Kriegsende verließen über 3000 Ju 87 D die Produktionshallen.

Als Musterflugzeuge für die verbesserte Bauausführung Ju 87 D-1 dienten die Versuchsmuster Ju 87 V21 bis V23.

Für die Erprobung der neuen Kabinenverkleidung sowie der zweirohrigen MG 81 Abwehrbewaffnung wurde eine Ju 87 B auf den Bauzustand Ju 87 D umgerüstet.

Rechts:
Innenaufnahme der Ju 87 V21 (D-INRF, WerkNr. 0536), die ab dem 30.09.1941 der Waffenerprobung diente.

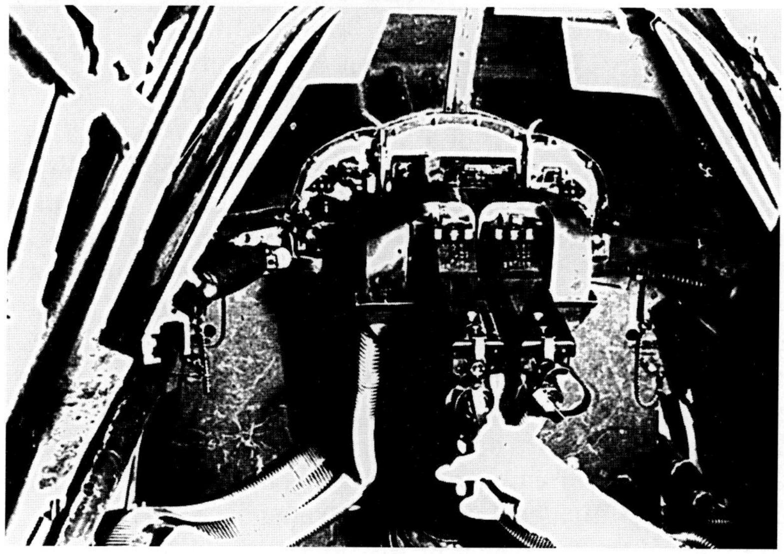

Unten:
Um die Verluste, die bei Tiefangriffen stetig größer wurden, zu verringern, kam es zum Anbau einer zusätzlichen Panzerung der Kabine.

Wie bei der Ju 87 R-1 bis R-4 sollte auch die Ju 87 D für Langstreckeneinsätze zur Verfügung stehen. Diese Maschine, eine frühe D-1, wurde mit zwei 300 l-Abwurftanks erprobt.

Nicht weiterverfolgt wurde die Verwendung des Jumo 213 E-Reihenmotors, da dieser zu spät einbaureif wurde. Auch der vergrößerte Kühler fand keinen Eingang in die Serienfertigung.

Bruch einer Ju 87 D in Rußland. Bei der Landung sind die Holzpropeller zersplittert oder abgerissen. Auch der Rumpf sowie die Flächen weisen Beschädigungen auf. Das Fahrwerk wurde vermutlich vor der Landung abgesprengt.

Unten: Beladung einer Ju 87 D-5 eines unbekannten Verbandes mit AB 250-Behältern, die über dem Ziel ihre Kleinbombenfüllung freigaben.

Auch diese Ju 87 D-3 gehörte zu den vielen über der Ostfront eingetretenen Einsatzverlusten der Stukageschwader.

Die Ju 87 D wurde auch beim StG 3 im Mittelmeerraum geflogen. Ab Anfang 1941 erfolgten Kampfeinsätze in Nordafrika.

Eine frühe Ausführung der Ju 87 D-3, die zum Bestand des StG 3 im Mittelmeer-Raum gehörte.

Unten: Das Wappen der Trägergruppe 186 überdauerte nahezu alle Umrüstungen beim StG 1. Nach der Ju 87 B und R trugen auch die Ju 87 D das Emblem mit dem Anker.

Start zum Schlachteinsatz. Die Maschine gehörte zur I./StG 77.

Links:
Nach dem Abwurf der Bombenlast versuchen diese Ju 87, im Tiefflug den Heimathorst anzusteuern. Der fehlende Jagdschutz und die immer stärker werdenden Jagdfliegerkräfte der Roten Armee führten zu erheblichen Verlusten bei den Ju 87-Besatzungen.

Betankung einer Ju 87 D aus zwei von einem Faun ZR-Zugmaschine gezogenen „Flugbetriebsstoff-Kesselwagen“ (als Anhänger), Ah. 454. Vor der Maschine liegen Bomben aller Art für den nächsten Einsatz bereit.

Zum StG 77 gehörte diese Ju 87 D-Staffel, die sich für den Rückflug zu einem engen Verband zusammengeschlossen hat.

Mit einem Abwurfbehälter und vier Sprengbomben ist diese Ju 87 D beladen.

Für den Einsatz gegen Flakstellungen und gegnerische Bereitstellungen eigneten sich besonders die verschiedenen Abwurfbehälter. Beachtenswert sind die abgenommenen Fahrgestellverkleidungen.

Startbereite Ju 87 D auf einem Einsatzhorst im Mittelabschnitt der Ostfront. Als Tankfahrzeug diente ein gut getarnter Opel Blitz mit Einheitsführerhaus.

Unten: Rückflug von einem winterlichen Einsatz über der Ostfront.

Eine Ju 87 D-5 der 1./StG 3 wird beladen. In den Flächen haben zwei MG 151/20 die zu schwachen MG 17 ersetzt.

Von der eigenen Truppe wurden diese Ju 87 D-5 in der Endphase des Krieges gesprengt. Im Vordergrund der Rumpf eines Ju 87 G-6 - Nachtjägers.

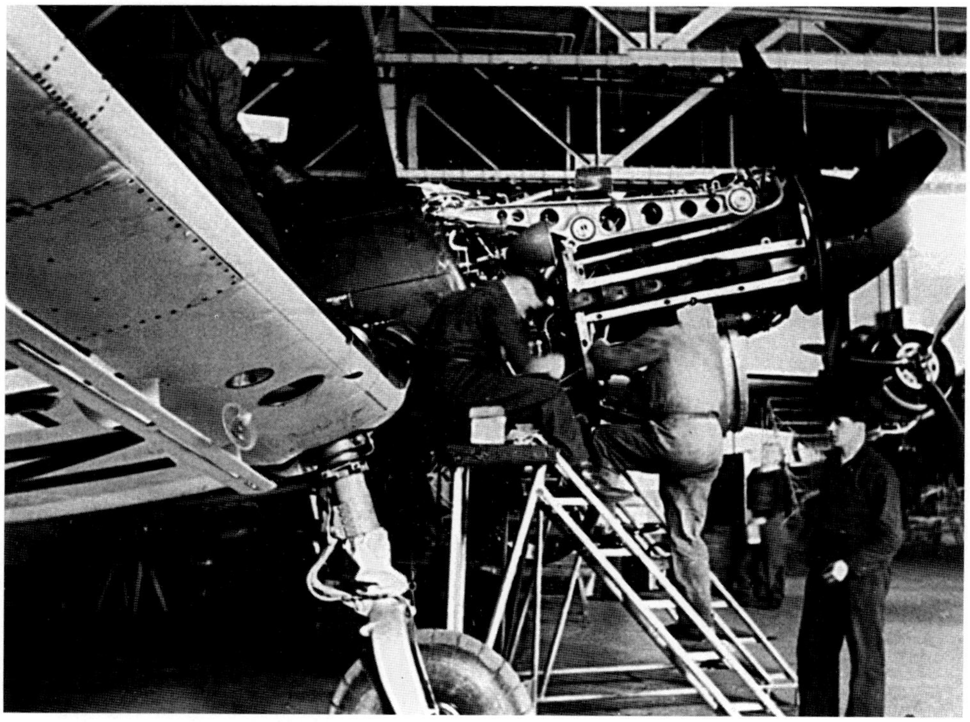

Produktion der Ju 87 D-5 im Werk Lemwerder bei Bremen.

Für Nachtschlachteinsätze wurde die Ju 87 D-7 mit Flammenvernichtern ausgerüstet. Hier eine Maschine, die gerade den Einflug beendet hat.

Kompensation und Endabnahme einer Ju 87 D.

Diese Ju 87 D-7 blieb mit beschädigtem Fahrwerk kurz vor Kriegsende liegen. Unter dem Rumpfwerk hängt ein leerer Transportbehälter ohne Verschlußklappe.

Rechts:
Als Musterflugzeug der Bauausführung Ju 87 D-8 diente eine D-5. In der Fläche ist ein 2 cm MG 151/20 zu erkennen.

Unten:
Begutachtung einer Ju 87 D-7 durch amerikanische GIs.

JUNKERS JU 87 G

Seit 1940 kannte das RLM die Nachteile der Ju 87 in Form ihrer unbefriedigenden Flugleistungen und Abwehrbewaffnung. Wegen ihrer relativ hohen Treffergenauigkeit wurde sie aber weiterhin benötigt. Mangelnde Luftüberlegenheit und verbesserte Bombenvisiere für den Horizontalwurf ergaben für die Ju 87 allmählich ein neues Aufgabengebiet. Gegen die übermächtige russische Panzerarmada half nur eine wirksame Bekämpfung aus der Luft.
Im Dezember 1942 rüstete man versuchsweise eine Ju 87 D-1 mit zwei Flak 18 unter den Tragflächen aus. Im Februar 1943 erhielt das "Panzerjägerkommando Weiss" einige Ju 87 G-1, - umgebaute Ju 87 D-3 -, für Truppenversuche.
Nach deren Bewährung folgten etwas später aus der Ju 87 D-5 umgebaute Ju 87 G-2. Die Ju 87 G unterschied sich von der D-Version hauptsächlich durch den Wegfall der Bombenabwurfvorrichtungen und der Flügelwaffen. Die Ju 87 G-2 besaß zudem die vergrößerte Spannweite der D-5 und Flammendämpfer für den Einsatz in der Dämmerung.

In größerer Zahl kam die Ju 87 G während der Kursk-Offensive beim StG 1 und 2 und ab Ende 1943 beim SG 3 und SG 77 zum Einsatz.
Bis Oktober 1944 wurden wahrscheinlich etwa 200 Ju 87 G ausgeliefert. Mit dieser letzten Version befand sich die Ju 87 bei einer ausgelieferten Stückzahl von fast 6000 Maschinen (gebaut wurden vermutlich über 6500 Einheiten) insgesamt acht Jahre in Produktion!

Erste Versuche unter wirklichen Einsatzbedingungen mit der Ju 87 G-1 wurden beim „Panzerjagdkommando Weiss" an der Ostfront unternommen. Bei den ersten Musterflugzeugen handelte es sich um umgebaute Ju 87 D mit Flak 18.

Aufmunitionierung der 3,7 - Bewaffnung der Ju 87 G-1. Der Laderahmen faßte jeweils zwölf Schuß pro Waffe. Als Visier diente in der Regel ein Revi C 12C.

Die Ju 87 G-1 entstand aus der Ju 87 D-1, die Ju 87 G-2 aus der Version D-5.

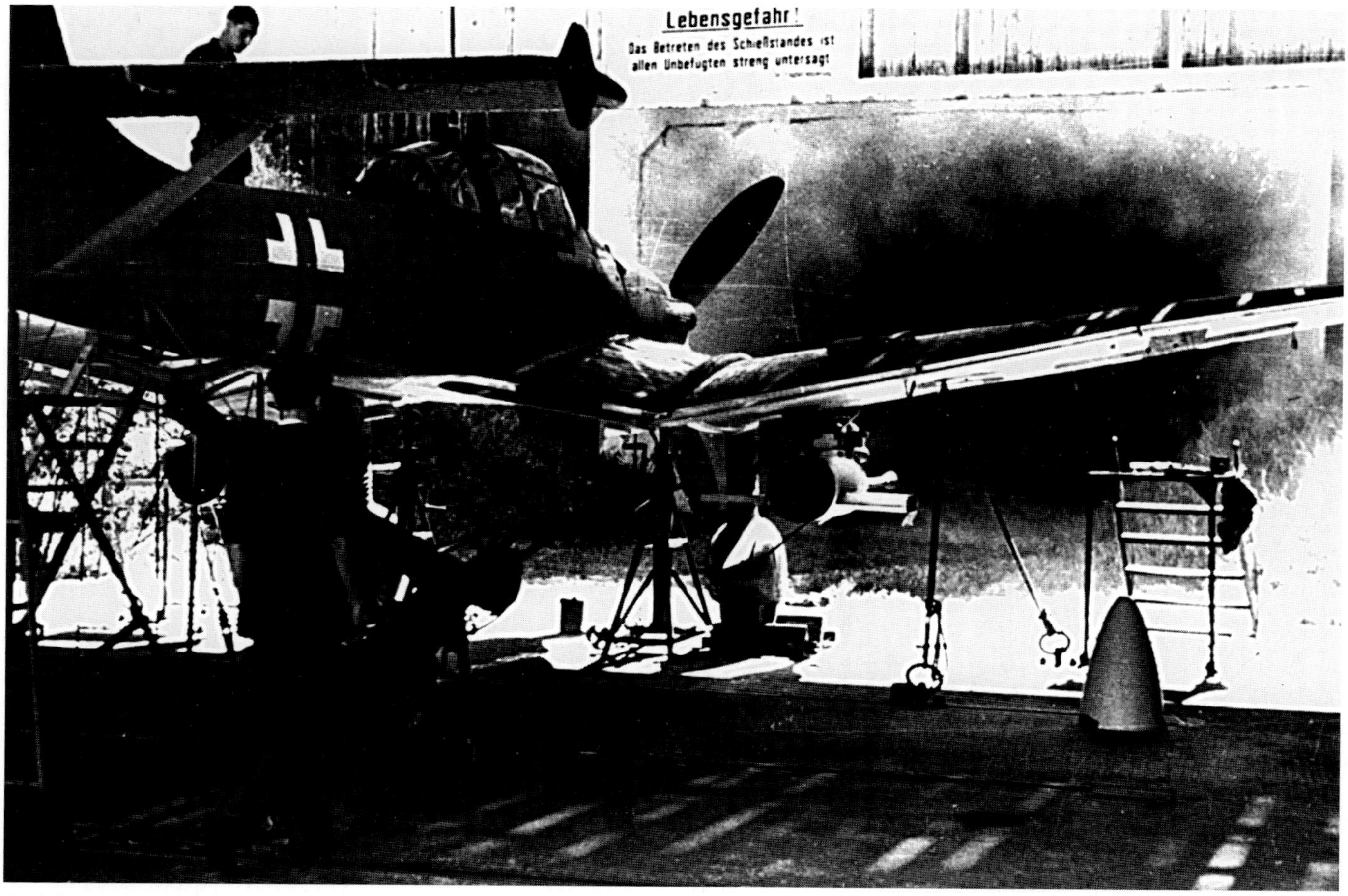

Auf dem Schießstand wird die 37 mm-Bordkanone dieser Ju 87 G justiert.

Unten: Start einer Staffel Ju 87 G zum Feindflug.

Oben:
Von der Ju 87 G-2 wurden im Rahmen einer Umbauaktion bis Oktober 1944 in Lemwerder 174 Flugzeuge hergestellt.

Rechts: Einsatzbesprechung auf einem „Kanonenvogel". Die letzten bei Kriegsende im Einsatz befindlichen Panzerjägerstaffeln waren die 2.(Pz)/SG 2, 1.(Pz)/SG 5, 10.(Pz)/SG 9 sowie die 10.(Pz)/SG 77.

Die Besatzung dieser Ju 87 folgt einer Rückmarschstraße, um zur Front zu kommen.

Die Bilanz von Major Rudel, dem erfolgreichsten Stuka-Piloten der Luftwaffe.

Bis zur Kapitulation stand die Junkers Ju 87 im dauernden Fronteinsatz.

Startvorbereitung
Ostfront Winter 1943/44

DATENVERGLEICH

Muster		Ju 87 A-2	Ju 87 B-1	Ju 87 D-1	Ju 87 G-1
Triebwerk		Jumo 210 Da	Jumo 211 A	Jumo 211 J/P	Jumo 211J/P
Startleistung	(kW)	530	880	1030	1030
Spannweite	(m)	13,00	13,20	13,80	13,80
Länge	(m)	10,80	11,00	11,00	11,00
Höhe	(m)	3,80	3,77	3,77	3,77
Leermasse	(kg)	2270	2760	2810	3600
Startmasse	(kg)	3320	4400	5720	5100
Geschwindigkeit					
in Meereshöhe	(km/h)	320	340	355	340
in	(km/h)	310 in 4000 m	380 in 4000 m	410 in 4000 m	n.n.
Sturzgeschwind.	(km/h)	550	650	600 begrenzt	n.n.
Steigzeit auf	(min.)	8,0 auf 2000 m	8,8 auf 3000 m	14,0 auf 3000 m	13,6 auf 3000 m
Flughöhe	(m)	9400	8100	9000	7500
Reichweite	(km)	900	800	1000	1000
Kraftstoff	(l)	480	480	780	780
Sturzflugbremse		ja	ja	ja	nein
Abfangautomatik		ja	ja	ja	nein
FuG		FuG VII mit EiV	FuG 25 und Peil G.IV	FuG 25 und Peil G.IV	FuG 25 und Peil G.IV
Bewaffnung		ein MG 17 starr in der rechten Tragfläche ein MG 15 bewegl. im B-Stand 500 kg Abwurfwaffen	zwei MG 17 starr in der Tragfläche ein MG 15 bewegl. im B-Stand 1000 kg Abwurfwaffen	zwei MG 17 starr in der Tragfläche ein MG 81 Z bewegl. im B-Stand 1600 kg Abwurfwaffen	zwei Flak 18 starr unter der Tragfläche ein MG 81 Z bewegl. im B-Stand keine Abwurfwaffen

Manfred Griehl · Joachim Dressel

FLUGZEUGE GEGEN PANZER

Deutsche Panzerjäger und Schlachtflugzeuge

Me 262 A-1a/Bo Blitzbomber; das schnellste Schlachtflugzeug seiner Zeit.

EINLEITUNG

Die Entwicklung von Jagdbombern, Panzerjägern und Luftnahunterstützungsflugzeugen nahm während des Zweiten Weltkrieges einen überaus rasanten Aufschwung. Ausgehend von zunächst kaum gepanzerten Maschinen, wies der Trend zu leistungsstarken, erheblich verbesserten Einsatzflugzeugen mit großkalibrigen Bordwaffen und effizienter Abwurfbewaffnung, die dem jeweiligen Einsatzzweck angepaßt waren.
Die Sturzkampfbomber der Typen Hs 123 und Ju 87 wurden spätestens 1943 zunehmend durch schnelle und noch dazu wendige Jagdbomber des Typs Fw 190 abgelöst. Zwar wurde auch mit diesem versucht, Panzer aus der Luft zu zerstören, doch auf Dauer gehörte Spezialflugzeugen die Zukunft. Aus diesem Grunde sollten stark gepanzerte Schlachtflugzeuge, etwa die Hs 129, selbst schwerste Kampfpanzer unmittelbar auf dem Gefechtsfeld bekämpfen.
Am Ende standen strahlgetriebene Maschinen sowie — der Not gehorchend — eine Vielzahl eilig umgerüsteter Behelfskampfflugzeuge, wie etwa die Bü 181 oder die Go 145.
Doch auch Hochleistungsflugzeuge wie die Me 262 A-2 »Blitzbomber« konnten die Lage nur wenig ändern, wiesen aber den Weg zu den unterschiedlichsten Konstruktionen der frühen Nachkriegszeit.

Unten: Die Junkers A 48 wurde aus der K 47 heraus entwickelt und diente vorwiegend Erprobungszwecken. Auf die Erfahrung aus diesen Versuchen aufbauend, entstand die Junkers Ju 87. Bei Kriegsende wurden die verbliebenen Muster in die Luftwaffe als Schulflugzeuge übernommen.

Unten:
Die ersten Heinkel He 50 A gingen 1933 an die DVS für die Sturzbomberausbildung. Als 1935 die ersten Sturzkampfverbände aufgestellt wurden, bestand deren Ausrüstung überwiegend aus diesem Flugzeugtyp. Nach Einführung der Hs 123 und Ju 87 teilte man die He 50 A den B-Schulen zu.

FRÜHE ENTWICKLUNGEN

Von der Ju A 48 zur He 50

Die zweisitzige Junkers A 48 entstand ab 1927 unter Federführung des Teams Plauth/Pohlmann. Es handelte sich dabei um ein vom Pech verfolgtes Baumuster. Von den zehn produzierten Mustermaschinen stürzten mehr als vier Maschinen ab, wobei auch der Leiter des Junkers-Motorenbaus ums Leben kam.
Die D-2185 diente der Erprobung der Sturzflugbremsen und besaß zunächst ein einfaches Leitwerk. Der von einem Siemens »Jupiter IV« angetriebene Prototyp hatte eine Höchstgeschwindigkeit von 265 km/h. Die Erprobungsergebnisse flossen später in die Entwicklung der Ju 87 ein und verschafften Junkers einen gehörigen Vorsprung auf diesem Gebiet. Die letzten A 48 wurden später anstatt als Schlachtflugzeuge oder Panzerjäger bei der Luftwaffe als Schulflugzeuge aufgebraucht.
Die Heinkel-Werke entwickelten 1932 einen robusten Doppeldecker, dessen erste Landversion die zweisitzige, sturzflugfähige He 50 aL darstellte. Die ersten drei von SAM 322B-Sternmotoren angetriebenen Maschinen gingen im Jahre 1935 als He 50 A an die Deutsche Verkehrsfliegerschule. 1936 gehörten die Maschinen zur Erstausstattung der zunächst getarnt aufgestellten I. Gruppe des späteren Stukageschwaders 162 in Schwerin. Am 5.9.1937 fiel die Tarnung als »Fliegergruppe Schwerin«, zu der damals 24 He 50 gehörten. Da die He 50 als sehr schwerfällig galt, wurde die Stuka-Ausbildung bald darauf mit der He 51 fortgeführt, die man mit bis zu fünf kleineren Sprengbomben ausrüsten konnte und die später in Spanien zu Tiefangriffen, auch gegen leichte von der Sowjetunion gelieferte Panzerkampfwagen, herangezogen werden sollte. Anschließend wurden die He 50 an Schulstaffeln abgegeben und im Rahmen der Aufstellung der Nachtschlachtgruppen an der Ostfront eingesetzt. Am 1.12.1943 verfügte die 1. und 2./NSG 11 noch über insgesamt 24 dieser Maschinen, von denen 19 flugklar waren. Letzte Einsätze mit der He 50 wurden im Herbst 1944 bei der Luftflotte 6 gegen motorisierte Schützenregimenter geflogen.

Feierliche Einweihung des Flugplatzes Neubiberg. Im Bild rechts einige abgestellte Heinkel He 50.

Wegen der Schwerfälligkeit der He 50 benutzten die Sturzkampfschulen bald die Heinkel He 51 als Trainer. Sie konnten zu diesem Zweck mit fünf Übungsbomben ausgerüstet werden. Bei der Legion Condor kamen 135 dieser Flugzeuge, zunächst als Jäger, zum Einsatz. Nach Einführung der sowjetischen Polikarpow I-15 und I-16 mußte die He 51 wegen ihrer geringen Geschwindigkeit aus den Jagdverbänden genommen werden und wurden dann als Tiefangriffsflugzeug mit gutem Erfolg eingesetzt.

Unten: Ab 1943 fanden die noch vorhandenen He 50 A eine neue Verwendung als Nachtschlachtflugzeuge an der Ostfront.

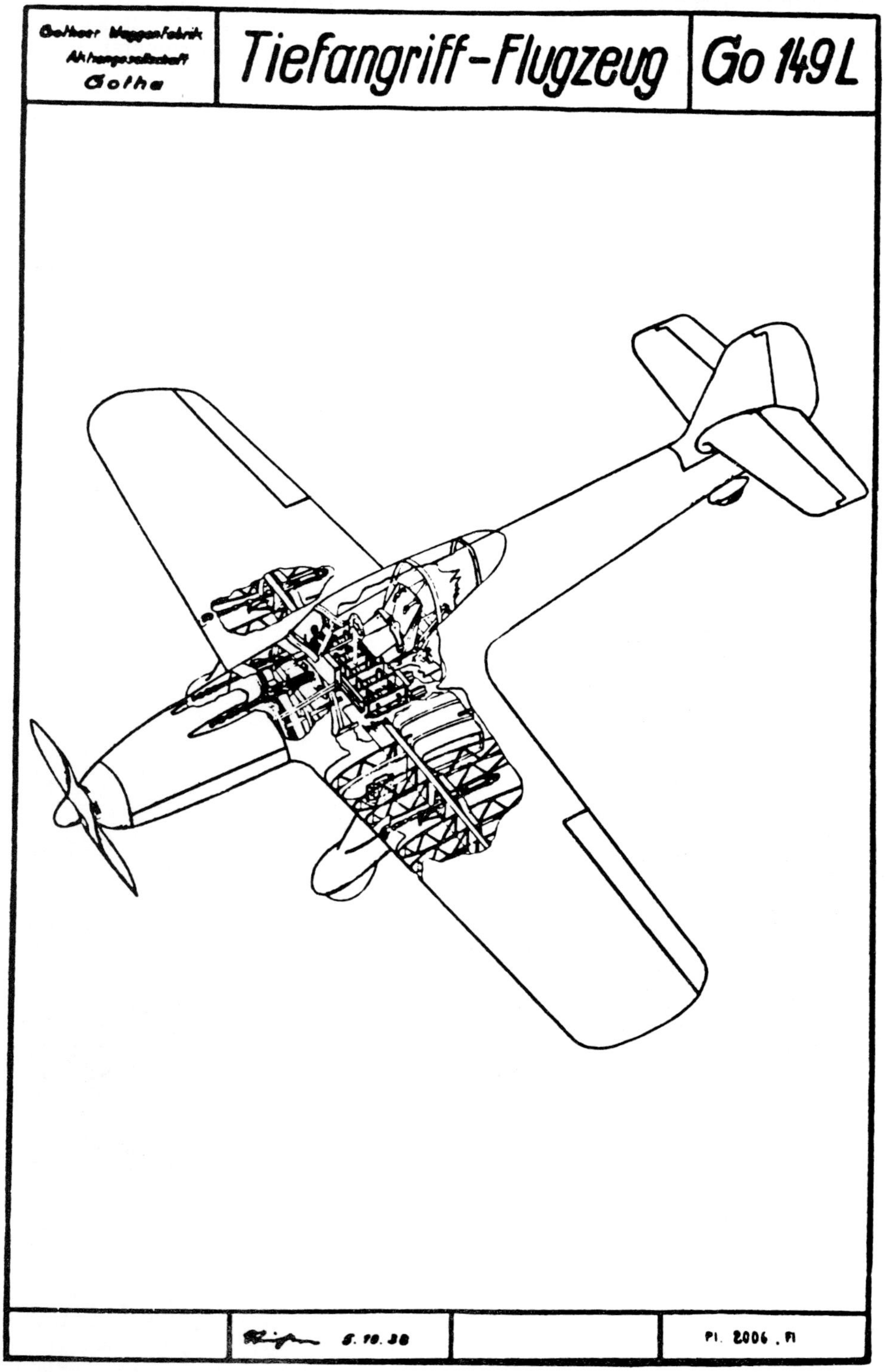

Oben: Die Go 149 wurde als Übungseinsitzer mit 240 PS Argus As 10C Motor der Luftwaffe angeboten. Die Go 149 V1, Kennzeichen D-EGWF, hatte 1936 ihren Erstflug und nahm 1938 und 1939 am Luftrennen in Frankfurt teil.

Links:
Nachdem die Go 149 als Schulflugzeug abgelehnt wurde, entstand Ende 1938 der Entwurf der Go 149L als Jagdeinsitzer zum Heimatschutz und Tiefangriffsflugzeug. Zur Ausführung kam das Projekt nicht.

Die Hs 123 und die Bv 137

Die Hs 123 stellte 1935 das erste für die Luftwaffe bestimmte, einsitzige Sturzkampf- und Schlachtflugzeug dar. Die beiden letzten Versuchsmuster wurden im Mai und Juni 1938 an die Truppe abgegeben.
Da der Luftwaffenführungsstab nach dem Großmanöver 1938 glaubte, daß Maschinen dieser Art in einem künftigen Konfliktfall keine Rolle als Tiefangriffsflugzeug spielen würden, wurde die Hs 123 als »Frontflugzeug« gestrichen und deshalb die gesamten Bauvorrichtungen, Lehren und Modelle voreilig verschrottet. Nur 115 Flugzeuge verließen bei HFW (Henschel Flugzeug Werke) die Fertigung; hinzukommen sollten noch einmal 129 bei AGO in Lizenz produzierte Einsitzer. Die von den Henschel Werken angeregte konstruktive Verbesserung der Hs 123, die auch gegen schwach gepanzerte Fahrzeuge zum Einsatz kommen sollte, fand beim RLM kein Interesse.

Die modifizierte Ausführung sah wie folgt aus:
a) BMW 132 K mit VDM - Luftschraube,
b) vergrößerter Rumpfbehälter,
c) geschlossene Führerkabine,
d) zwei weitere MG 17 mit je 500 Schuß und
e) Erhöhung der Bombenlast auf acht 50-kg-Lasten oder vier SC 50 und maximal eine 500-kg-Sprengbombe.

Doch die Entscheidung des OKL war unwiderruflich. Die verbliebenden Maschinen wurden schließlich den Stuka-Schulen zugewiesen und dort aufgebraucht. An die aussichtsreiche Verwendung als leichter Panzerjäger dachte vorläufig niemand. Während des Krieges war die Hs 123 über Polen, Frankreich und dem Balkan ebenso einsatzbereit wie während des harten Winters 1941/42. Nach der Meinung General von Richthofens hätten 1000 dieser Schlachtflugzeuge den Feldzug im Osten womöglich anders aussehen lassen.
Da man inzwischen die Fertigungsvorbereitung hätte neu treffen müssen, unterblieb die Wiederaufnahme der Serienproduktion.
Der größte Vorteil der Hs 123 lag in der minimalen Störempfindlichkeit der äußerst robusten Konstruktion und der daraus resultierenden langen Lebensdauer der Zelle.
Die Ha 137, die vom Hamburger Flugzeugbau als Konkurrenzmuster erstellt und vom RLM 1934 vorgeschlagen worden war, hatte gegenüber der Hs 123 keine reelle Chance für die Großserienfertigung. Am 9.10.1934 fand bei Blohm & Voss die Attrappenbesichtigung statt. Sieben Monate später, am 13.5.1935 startete die von einem BMW 132 angetriebene Ha 137 V1 zum Erstflug. Der ebenfalls mit einem BMW 132-Sternmotor bestückten V2 folgte die Ha 137 V3, welche einen Rolls-Royce »Kestrel« besaß sowie zwei weitere Versuchsmuster mit je einem Jumo 210 A-Reihenmotor. Obwohl sich von Richthofen für die leistungsfähige Maschine aussprach, die sich auch gegen leichte Panzer einsetzen ließ, konnte er sich bei Udet nicht durchsetzen. Die Ha 137 V4 und V5 dienten übrigens noch lange Zeit in Rechlin als Erprobungsmuster, unter anderem für Tests mit kleineren Bordraketen zur Bekämpfung gepanzerter Bodenziele.

Unten: HS 123

Oben: Die Henschel Hs 123 stellte das erste für die Luftwaffe gebaute Sturzkampfflugzeug dar. Während die A-Serie mit Junkers Ju-Pak Zweiblatt Metallluftschraube ausgerüstet war, erhielten einige der frühen V-Muster eine verstellbare VDM Dreiblattluftschraube und einen stärkeren BMW 132 K Motor. Diese Flugzeuge sollten als Mustermaschinen für die B- und C-Serie dienen, welche aber zugunsten der Ju 87 aufgegeben wurde.

Unten: An dem Flugmeeting in Zürich-Dübendorf im Jahre 1937 beteiligte sich auch die Hs 123.

Links: Die Hs 123 V2, Kennung D-ILUA, hatte wie die V3 und V4, bereits die endgültige NACA Haubenform.

Rechts: Eine Hs 123 A-1 mit der 1939 üblichen »WL«-Kennung eines Schulflugzeuges der Luftwaffe. Die Kennung lautet komplett WL-ELH. Das Fehlen des Balkenkreuzes weist auf eine nicht militärisch aufgerüstete Maschine hin.

Links: Ab 25. Oktober 1939 erhielten die Schulverbände die neuen »S«-Kennzeichen. Hier eine Hs 123 A der Schule im Luftkreiskommando III (Dresden).

Eine Hs 123 A-1, bewaffnet mit zwei MG 17 im Rumpf und vier ETC 50 am Unterflügel. Statt Bomben konnte der Stuka für den Schlachteinsatz in den Nahkampffliegerverbänden an der Ostfront auch mit zwei MG-FF in Waffenbehälter bestückt werden. Unter dem Rumpf der abwerfbare Benzintank.

Unten: Flugzeuge des Lehrgeschwaders 2 während der Warmlaufphase vor dem Start. Die Maschinen wurden dabei mit Bremsklötzen arretiert.

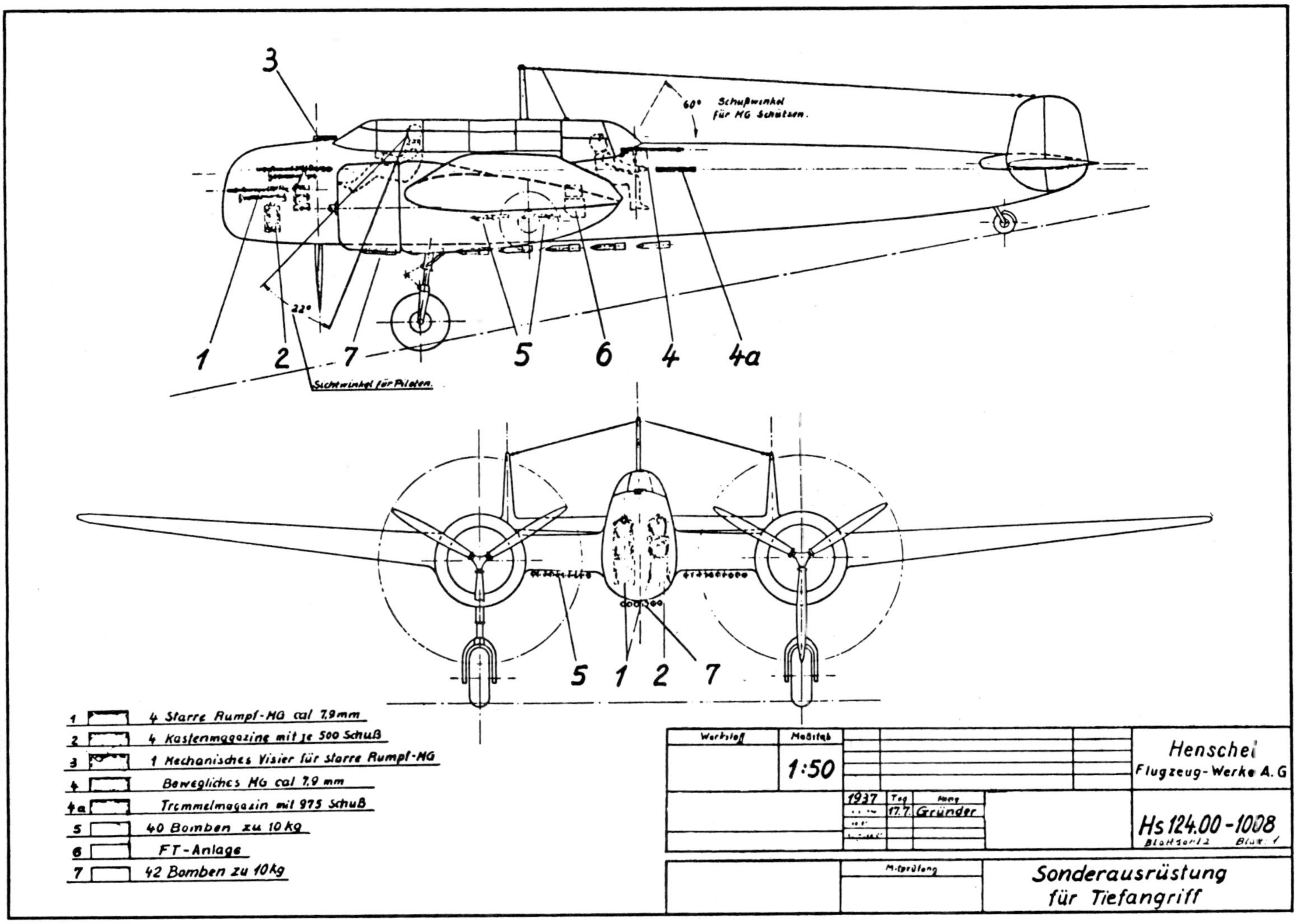

Übersichtszeichnung der Hs 124 mit Sonderausrüstung für den Tiefangriff vom Juli/August 1937.

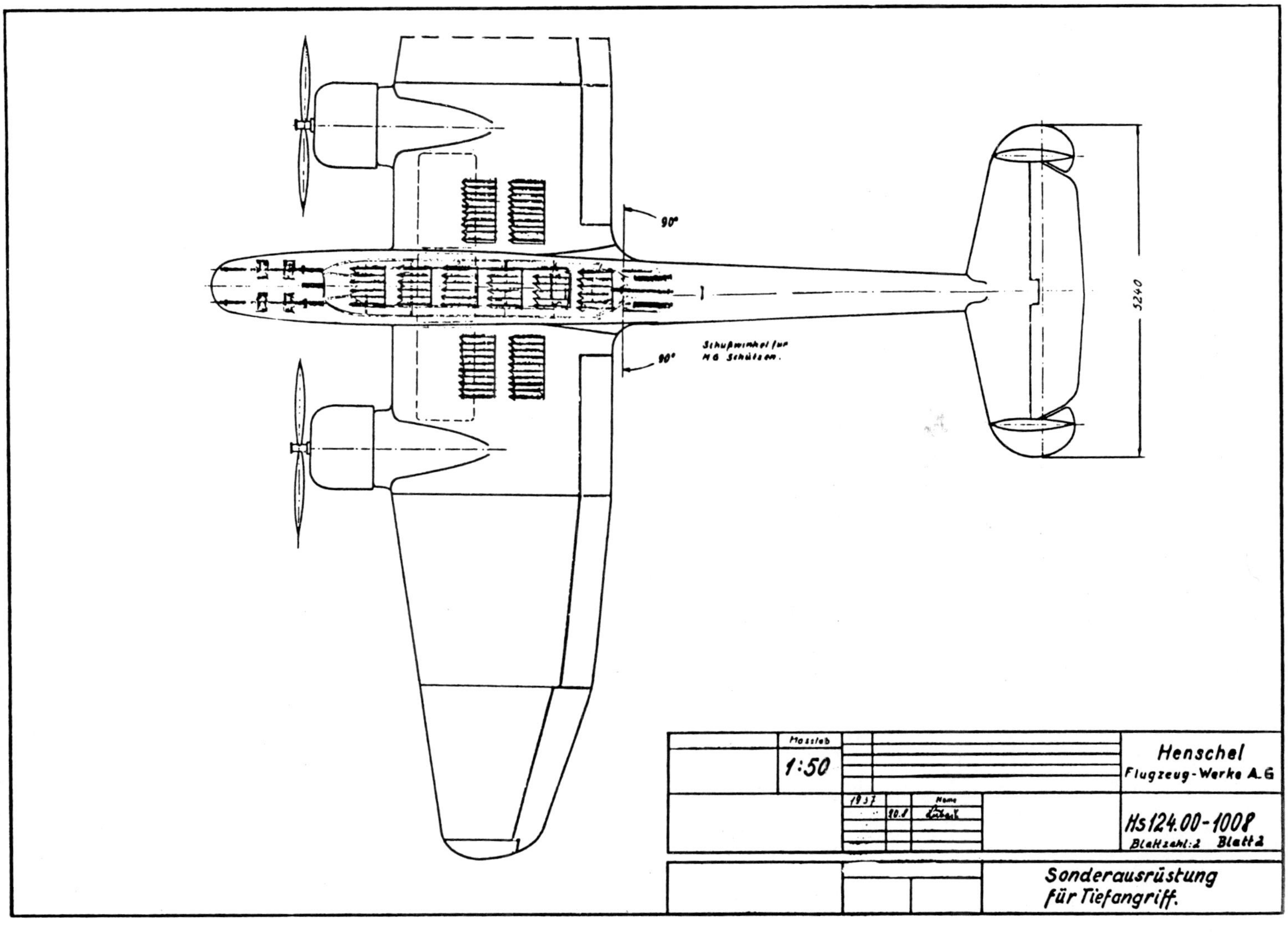

Oben: Die Henschel Hs 124 galt als Konkurrenzentwurf zur Fw 57. Die einzelnen Versuchsmuster hatten unterschiedliche Bewaffnung und Motoren. Die abgebildete Hs 124 V2 war mit einem BMW 132Dc ausgerüstet.

Unten: Blohm & Voss konzipierte für den Entwicklungsauftrag eines Sturzkampfflugzeugs die Ha 137. Die Konstruktionsleitung übernahm Dr. Vogt. Er lehnte sich bei seinem Entwurf an seine letzte Konstruktion bei Kawasaki in Japan, dem Postflugzeug C.5, an. Es entstand ein einsitziger Stuka in Tiefdeckerbauweise mit Knickflügel. Zum Einbau kam, wie bei der Arado Ar 81, ein Jumo 210 C Zwölfzylinder Reihenmotor. Die starre Frontbewaffnung war mit zwei 20-mm-MG FF und zwei 7,9-mm-MG 17 sehr stark gewählt. Als Kampfmittelzuladung waren eine 250 kg Bombe unter dem Rumpf und vier 50 kg Bomben unter den Flügeln vorgesehen. In der Praxis zeigte sich aber, daß nur eine Zuladung von 200 kg möglich war.

Oben: Die Ha 137 aus anderer Sicht.

Unten: Das erste Versuchsmuster der He 118 mit der neuen Kennung D-UKYM. Vormals lautete die Kennung D-IKYM. Sie mußte geändert werden, weil das Flugzeug nach einigen Umrüstungen einer anderen Leistungsklasse angehörte.

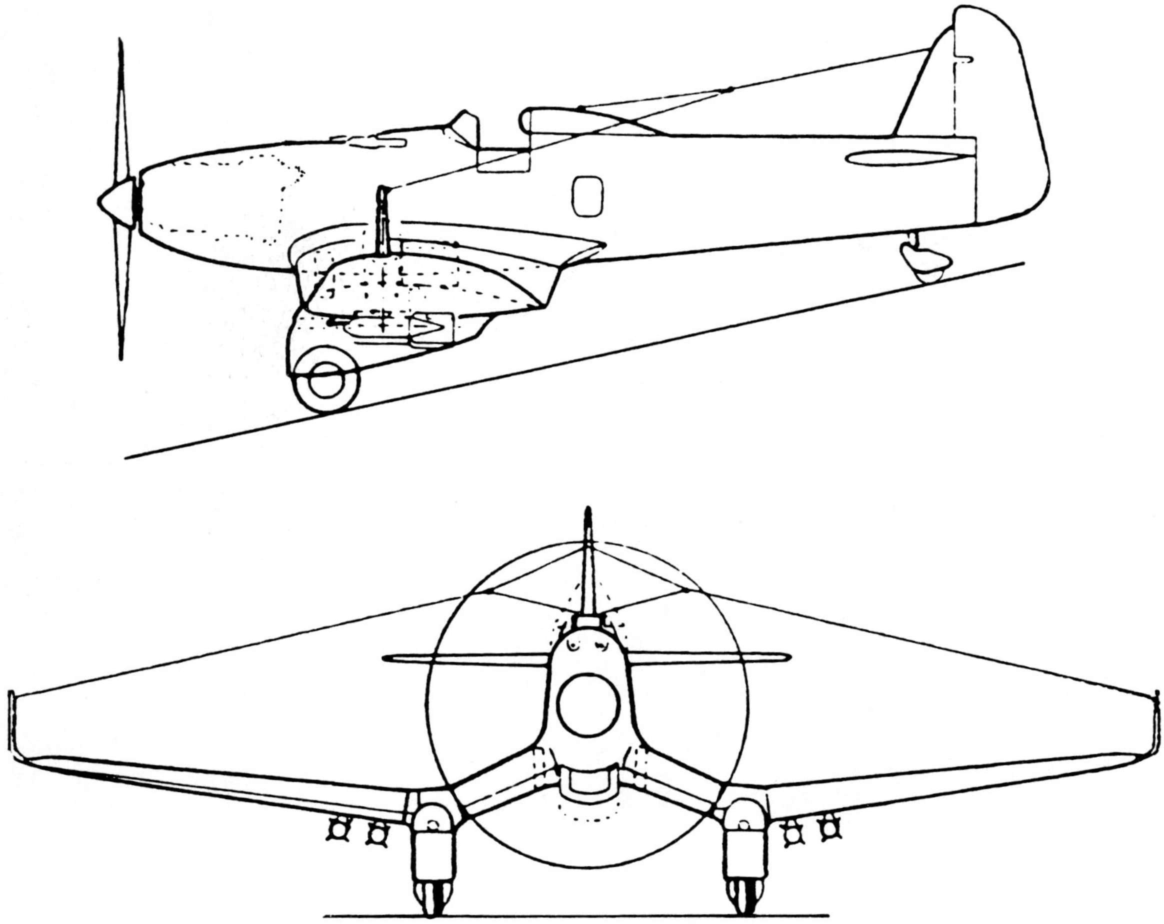

Dreiseitenansicht der Blohm & Voss Ha 137 B.

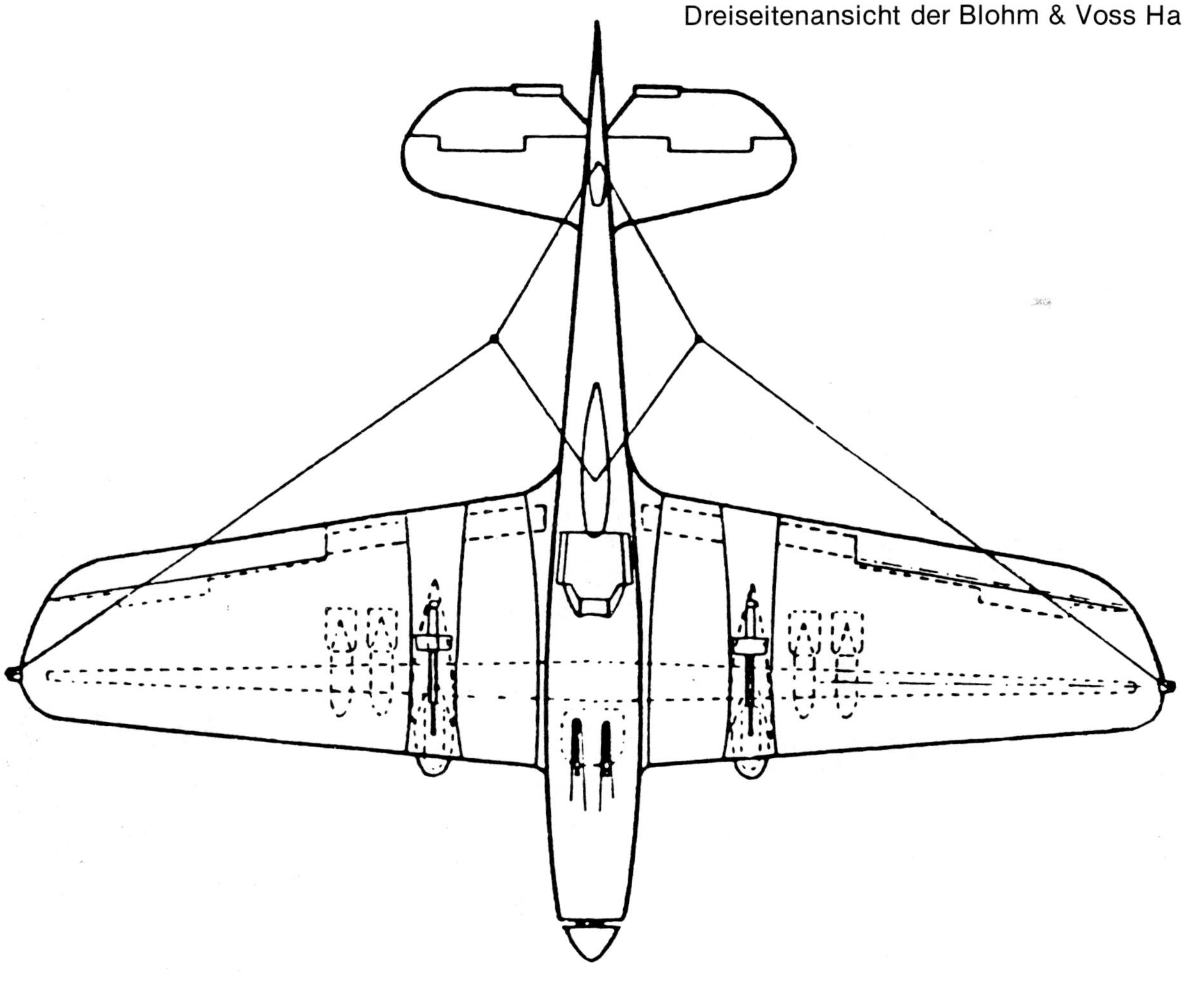

Hs 124, He 118 und Fw 189

Als zweimotoriges Sturzkampf-Flugzeug wurde von Henschel außerdem die Hs 124 V4 seit 1937 entwickelt. Die V1 bis V3 hatten zuvor der Konzeption eines mittleren Schnellbombers gedient. Das Versuchsmuster unterzog man ab Januar 1938 umfangreichen statischen Versuchen, welche die Notwendigkeit einer umgehenden Flächenverstärkung ergaben. Am 25.5.1938 erfolgte der Erstflug der Hs 124 als Stuka, jedoch schon wenige Tage später mußten in Schönefeld die Triebwerke gewechselt werden. Da auch in den nächsten Monaten unangenehme Schwingungen auftraten, wurden bis Oktober die Flächen erneut versteift. Infolge einer Bruchlandung am 18.11.1938 traten bei der Entwicklung neue Verzögerungen ein. Am 23.2.1939 legte das RLM das Flugzeug endgültig still. Die Hs 124 V4 wurde im Juni 1936 an die E-Stelle Travemünde zur weiteren Erprobung abgegeben. Der Verbleib des mit 20-mm-Waffen ausgerüsteten Stukas ist unbekannt.

Währenddessen befaßten sich die Heinkel-Werke intensiv mit der He 118, einem mittelschweren Sturzkampfflugzeug.

Die Heinkel He 118 ging auf das Heinkel-Projekt P 1030 zurück und entstand aufgrund derselben RLM-Ausschreibung wie die Ar 81, Ha 137 und die legendäre Ju 87. Am 14.2.1936 absolvierte die He 118 V1 (Werk-Nr. 1293, D-UKYM) ihren Erstflug. Der Pilot war der erfahrene Werksflieger Nitschke. Im Gegensatz zur V1, die von einem Rolls-Royce »Buzzard« angetrieben wurde, hatte die He 118 V2 einen DB 600 C-Reihenmotor. Den beiden Flugzeugen folgten noch weitere drei Prototypen sowie eine Nullserie von acht Maschinen, von denen zwei über DB 601-Triebwerke verfügten. Die meisten der Flugzeuge waren mit einem ETC 500 und einem MG 15 für den Beobachter armiert. Die Nullserie rüstete Heinkel zusätzlich mit jeweils zwei Flächen-MG 17 aus. Der Windschutz war teils offen, teils geschlossen. Am 15.12.1937 erreichte die erste Nullserienmaschine, die A-01 mit Sturzflugbremse, eine erstaunliche Geschwindigkeit von 595 km/h während des Sturzfluges.

Die Focke-Wulf Fw 189 war eigentlich nicht als Schlachtflugzeug gegen gepanzerte wie ungepanzerte Ziele konzipiert, jedoch erhielten einige Versuchsmuster eine stark armierte Kabine sowie eine aus sechs Starrwaffen bestehende Offensiv-Bewaffnung. Die zweisitzige, als Fw 189 V1a und V1b bezeichnete Maschine erhielt später einen B-Stand, der mehrfach geändert wurde. In Serie wurde die Maschine nicht produziert, dafür aber die Fw 189 A-1/2, die bis zu vier SC 50 unter den ETC 50/VIII mitführen konnte, die bei Nahtreffer auch für die Außergefechtsetzung leichter Kampfwagen geeignet waren. Hauptsächlich flogen die Maschinen jedoch als Nahaufklärer.

Die Heinkel He 118 war der fortschrittlichste Entwurf für die RLM Ausschreibung eines Sturzkampfbombers.

Die He 118 bestach nicht nur durch ihr formschönes, aerodynamisches Aussehen, sondern hatte auch, im Gegensatz zu den Konkurrenzmusternn ein Einziehfahrwerk. Ihre Leistungen überragten daher die anderen Entwürfe. In der Bombenzuladung und Bewaffnung entsprach sie den Anforderungen. Trotzdem fiel die Entscheidung zugunsten der Ju 87 aus. Der Grund lag darin, daß die He 118 zum Zeitpunkt des Vergleichsfliegens noch nicht fertig durchkonstruiert war und so nicht in den senkrechten Sturz übergehen konnte. Zudem hatte Udet am 27.6.1936 bei einem weiteren Nachfliegen einen Unfall mit der He 118. Im Sturz überdrehte der Motor, der Propeller flog weg und Udet mußte mit dem Fallschirm aussteigen.

Unten: Durch Aufbau einer zweisitzigen Panzerkabine versuchte man 1940 aus dem Aufklärer Fw 189 ein schwerbewaffnetes Schlachtflugzeug zu entwickeln. Seine Serienbezeichnung sollte Fw 189 C lauten. Die D-OPVN wurde durch die Veränderung der Kabine aus der V1 in die V1b umgerüstet. Daneben existierte noch die V6 als Musterflugzeug für die C-Serie.

DIE EINMOTORIGEN JAGDBOMBER

Die Bf 109

Es war nur eine Frage der Zeit, ehe auch die Bf 109 mit einer Bombenabwurfanlage ausgerüstet wurde. So konnten die Baureihen E-3/B und E-4/B jeweils bis zu vier SC 50 mitführen. Von der Bf 109 F-1 bis F-4 gab es jeweils eine Jagdbomber-Ausführung B mit einem ETC 250-Bombenschloß. Später kam es zur Einführung des Rüstsatzes R6, der gleichfalls die Verwendung von 250-kg-Abwurflasten gewährleistete. Auch die G-Baureihen konnten als Jagdbomber gleichermaßen gegen gepanzerte und ungepanzerte Ziele zum Einsatz kommen, wenn auch die Fw 190 ab 1943 immer mehr zur Ausrüstung der Schlachtgeschwader gehörte. Erprobt wurde auch die Bf 109 G-2/R1, die als »Jaborei« mit einem dritten Federbein ausgerüstet wurde, damit die 500-kg-Abwurflast nicht den Boden berührte. Der Reichweiten-Steigerung dienten vornehmlich auch die beiden 300-l-Tanks unter beiden Flächen. Bei der Bf 109 G-3 beinhalteten die beiden ersten Rüstsätze entweder ein ETC 500 IXb bzw. vier ETC 50 VII-Id. Entsprechend ließen sich auch die G-4 bis G-6 ausrüsten. Bei der Bf 109 G-10 und G-14 gab es den Rüstsatz R I, der die Maschine in einen schnellen Jagdbomber verwandelte. Ab 1944 kamen die Jagdgeschwader — insbesondere an der Ostfront im Tiefeinsatz zum Einsatz. So zerstörten Piloten des JG 11 im Februar 1945 bei 713 Tiefangriffen 186 LKW, 161 wurden beschädigt. Acht Tankwagen gingen in Flammen auf, 250 Gespanne und 30 Geschütze wurden vernichtet. Drei leichte Panzerwagen blieben bewegungslos liegen. Die Bekämpfung schwerer Kampfpanzer sollte jedoch auch zukünftig der Ju 87 sowie der Hs 129 vorbehalten bleiben.
Die nächste Baureihe, die Bf 109 K-4, ließ sich wahlweise mit einer 250- oder 500-kg-Bombe beladen. Im Vergleich mit der Fw 190 wurde diese Ausführung der Bf 109 jedoch kaum als Jagdbomber oder Panzerjäger genutzt.

Die Fw 190 F und G

Nachdem, ähnlich wie bei der Bf 109, auch für die Fw 190 A Rüstsätze mit verschiedenen ETC aufgelegt worden waren, ging man an die Konzeption der Baureihen F-8/R1 bis R3, der F-9 und F-15 sowie vier Ausführungen des Schlachtflugzeugs Fw 190 G. Diese Versionen sollten später bei den Abwehrkämpfen im Osten besondere Bedeutung bei der effektiven Bekämpfung der sowjetischen Panzerregimenter erhalten.

Die von einem BMW 801 D-Sternmotor angetriebene Fw 190 F-8/R1 besaß ein Rumpf-ETC 501 sowie vier Flächen-ETC 50. Die Starrbewaffnung gliederte sich in zwei MG 17 und zwei MG 151/20. Die R2 unterschied sich durch die Tankanlage im Rumpf von der R1. Die F-8/R3 kam nur in geringen Stückzahlen heraus und besaß unter jeder Fläche eine MK 103 mit jeweils 35 Schuß. Diese Waffe stellte sich insbesondere bei der hervorragend gepanzerten Hs 129, einem für die Panzerbekämpfung besonders gut geeigneten Kampfflugzeug, als wirksam heraus.
Die F-9/R1 glich der F-8, hatte aber einen leistungsstärkeren BMW 801 TS oder TH-Motor. Die nachfolgende Baureihe trug die Bezeichnung F-15 und wurde mit einem verstärkten Fahrwerk und einem ETC 504 ausgestattet und wurde oftmals zur Abwehr gegnerischer Panzerspitzen eingesetzt.
Während die G-3 als reiner Schnellkämpfer mit zwei 300-l-Abwurftanks geplant war, sollte die G-3/R5 als Schlachtflugzeug besonders erfolgreich zum Einsatz kommen.

So wurden beispielsweise am 8.7.1943 etwa 60 T 34 durch den Kommandeur der IV./SG 9, Hauptmann Bruno Meyer, gemeldet, worauf es zu einem kombinierten Einsatz der Fw 190 Major Druschels mit SD 50-Bomben und der Hs 129 kam. Meldungen sprachen danach von knapp 50 abgeschossenen oder liegengebliebenen sowjetischen Kampfpanzern.
Durch den Umbau von F-8-Maschinen entstand die G-8 und durch Nachrüstung von zwei ETC 71 anstatt der vier ETC 50, die Baureihe Fw 190 G-8/R5. Dieses Schlachtflugzeug hatte lediglich zwei MG 151/20 in den Flügelwurzeln als Starrbewaffnung, was lediglich Angriffe auf leicht gepanzerte Fahrzeuge zuließ. Die meisten der Maschinen befanden sich ab 1944 bei den Schlachtgeschwadern SG 4 und 5, bei der Nachtschlachtgruppe 20 und der III./KG 200.

Rechts: Auch die Messerschmitt Bf 109 fand als Jagdbomber Verwendung. Durch Umrüstung mit dem ETC 250 Bombenschloß konnten Abwurfmittel bis 250 kg an den Feind gebracht werden. Hier eine Maschine des I./JG 54, besser bekannt unter dem Namen »Grünherzgeschwader«, im typischen Wintertarnanstrich.

Oben: Eine Bf 109 E-4/B des II./JG 54.

Unten:
Bei Beladung der Bf 109 F mit SD 500 war ein Stützrad unter dem Rumpf notwendig, um eine Bodenberührung beim Start mit dem Abwurfbehälter zu vermeiden.

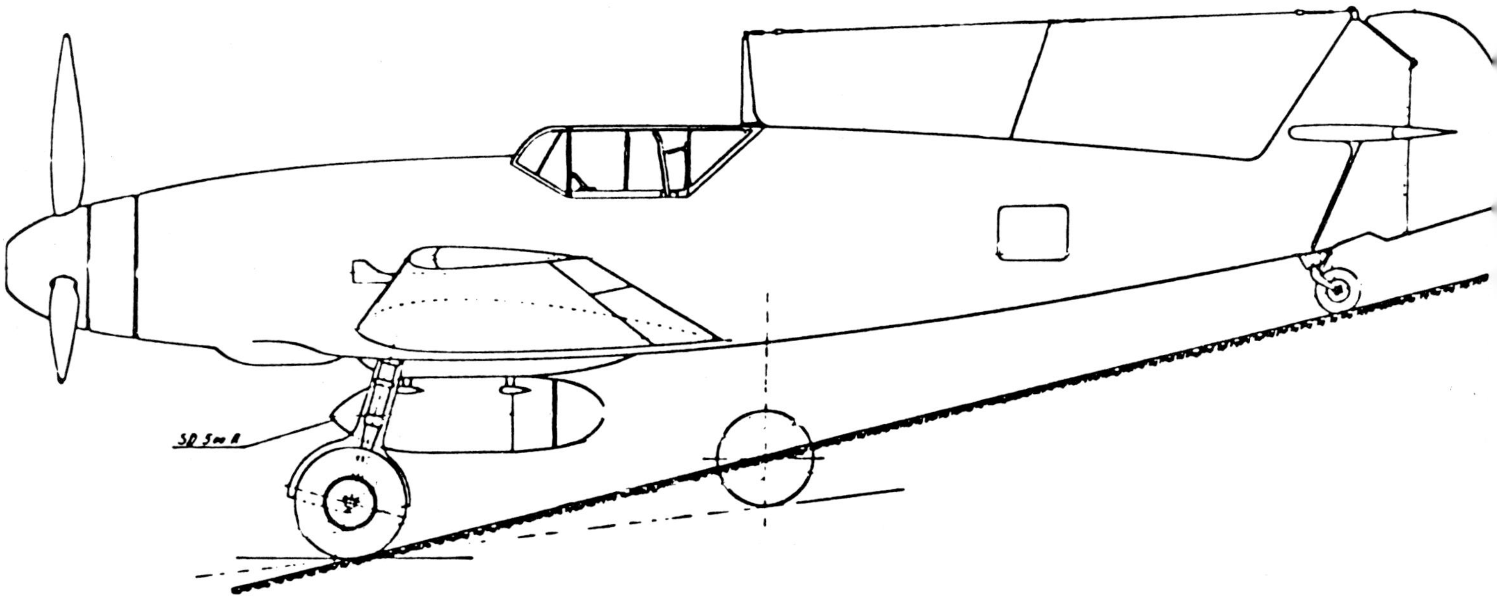

Links: Focke Wulf 190 A-3 des Sch.G. 1 auf dem Rückflug vom Einsatz.

Rechts:
Vier SC 50 unter einer frühen Ausführung der Focke-Wulf 190 A während der Abwurfwaffenerprobung.

Links: Für den nächsten Angriff wird dieser Jabo des JG 5 in Finnland im Winter 1943/44 mit Bomben beladen. Interessant ist der Schlitten zum Transport der Kampfmittel im Schnee.

Oben links: Einhängen der SC 250 in das ETC.

Rechts oben und unten: Weil Anfang 1943 nicht genügend Schlachtflugzeuge der F-Serie mit Flächen-ETC zur Verfügung standen, wurde an Jäger der A-Reihe mit reduzierter Flächenbewaffnung unter dem Rumpf das Einhängerost ER 4 für vier SC 50 Bomben montiert.

DAS STANDARDFLUGZEUG, DIE JU 87

Im November 1934 begann die Konstruktion der ersten Serienausführung der Ju 87. Schon bald nach dem Erstflug der Ju 87 V1 (Werk-Nr. 4921), am 17.9.1935, stieg die V2 am 25.2.1936 erstmals auf. Bis Mai 1939 folgten elf Prototypen. Vergleichsflüge mit der Vought 156 und der Curtis 77 hatten die Vorzüge der Ju 87 klar gezeigt. Die Serienproduktion der Ju 87A setzte daher bereits im Juni 1937 ein.

Anschließend begannen die Junkers-Werke ab Sommer 1937 mit der Entwicklung der verbesserten Ju 87-Ausführung. Das erste Musterflugzeug, die Ju 87 V7 (Werk-Nr. 4926), flog schließlich ab dem 11.11.1937 und erhielt eine ausgezeichnete Beurteilung.

Zu diesem Zeitpunkt waren die ersten Ju 87 bereits in Spanien eingesetzt worden und hatten den Befürwortern der Sturzkampf-Idee zusätzlichen Auftrieb gegeben. Gleichzeitig wurden die Maschinen als Abwehrmittel gegen Panzerfahrzeuge getestet.

Im Gegensatz zur Ju 87 A-1, welche von einem Jumo 210 D angetrieben wurde, erhielt die B-1 den stärkeren Jumo 211A-Reihenmotor. Die Bewaffnung entsprach mit zwei MG 17 und einem MG 15 dem Vorläufer. Bei der B-2 konnte die Bombenlast von 500 auf 1000 kg angehoben werden. Gleichzeitig ließ man die ungepanzerte Ausführung dieser Baureihe schnellstens auslaufen. Baugleich mit den beiden B-Ausführungen waren die Sturzkampfflugzeuge des Typs Ju 87 R-1, R-2 und R-4. Die Maschinen unterschieden sich durch die Mitführungsmöglichkeit von zwei 780-l-Außenbehältern bzw. SG-Behältern im Tragflächenmittelstück.

Als Vorläufer der D-Serie wurden die Versuchsmuster V 22 und 24 verwandt. Die Ju 87 V 22 stürzte am 20.8.1942 in Rechlin ab. Aus diesem Grunde wurde die V 24 (Werk-Nr. 0544) ebenfalls dorthin überführt und eingehend getestet.

Die Maschine besaß ein Jumo 211J-Triebwerk, eine neue Kabinenform, vergrößerte Flächen und eine erheblich verbesserte Ausrüstung. Während der Einführung der D-1 gingen allein in Süddeutschland acht Maschinen bei Notlandungen infolge technischer Mängel verloren. Daraufhin forderte das RLM Ende 1941 zahlreiche konstruktive Änderungen, u.a. eine stärkere Panzerung, die Vereinfachung der Bombenanlage sowie den Einbau von zwei 20 mm MG 151 in den Flächen. Der erste Musterbau eines solchen Tiefangriffs- und Schlachtflugzeuges (D-2), die Werk-Nr. 2013, wurde im März 1942 nach Tarnewitz zur Waffenerprobung abgegeben. Hierbei und bei der Werkserprobung hatte man mit einigen Problemen wegen des Kühlers zu kämpfen. Diese und die folgenden fünf D-Baureihen erwiesen sich im Osten besonders hilfreich bei der Abwehr zahlenmäßig starker Panzer- und Schützenverbände.

Die letzte Baureihe der D-Serie, die D-8, besaß die Tragflächen der D-5, die Zelle der D-3 und war mit MG 151 für die Bekämpfung von armierten Bodenzielen ausgestattet.

Die Entwicklung der Ju 87 F wurde Anfang 1943 abgebrochen. in geringen Stückzahlen rüstete Junkers frühere Einsatzmuster in Schulmaschinen (Baureihen H-1 bis H-8) um.

Neben den Junkers-Werken wurde Weserflug zum wichtigsten Lizenznehmer für die Ju 87. Die erste dort gebaute Maschine führte am 26.2.1938 ihren Erstflug durch. Der 1000ste bei Weserflug hergestellte Stuka lief schon am 27.2.1941 vom Band. Aufgrund der Luftlage kam es 1944 zur Dislozierung der Produktion. Zahlreiche Maschinen wurden beispielsweise in den Kellergeschossen des Flugplatzes Berlin-Tempelhof gefertigt, wo man später noch mit der Endmontage der Fw 190 F begann. Im September 1944 wurde die Produktion der Ju 87 auf Weisung der Führung zugunsten schneller Jagdbomber eingestellt.

Die ersten zehn Junkers Ju 87 A-O verließen im Frühjahr 1937 die Werkshallen in Dessau und bildeten den Kern für die I./Stukageschwader 162 »Immelmann«. Diesen schlossen sich ab Mitte des Jahres die Ju 87 A-1 an, welche der Nullserie entsprachen. Die Leistung der Ju 87 A war mit einer Geschwindigkeit von 320 km/h in unbeladenem Zustand jedoch unbefriedigend. Auch die Bombenzuladung von 500 kg konnte nur ohne Funker und Abwehrbewaffnung erreicht werden.

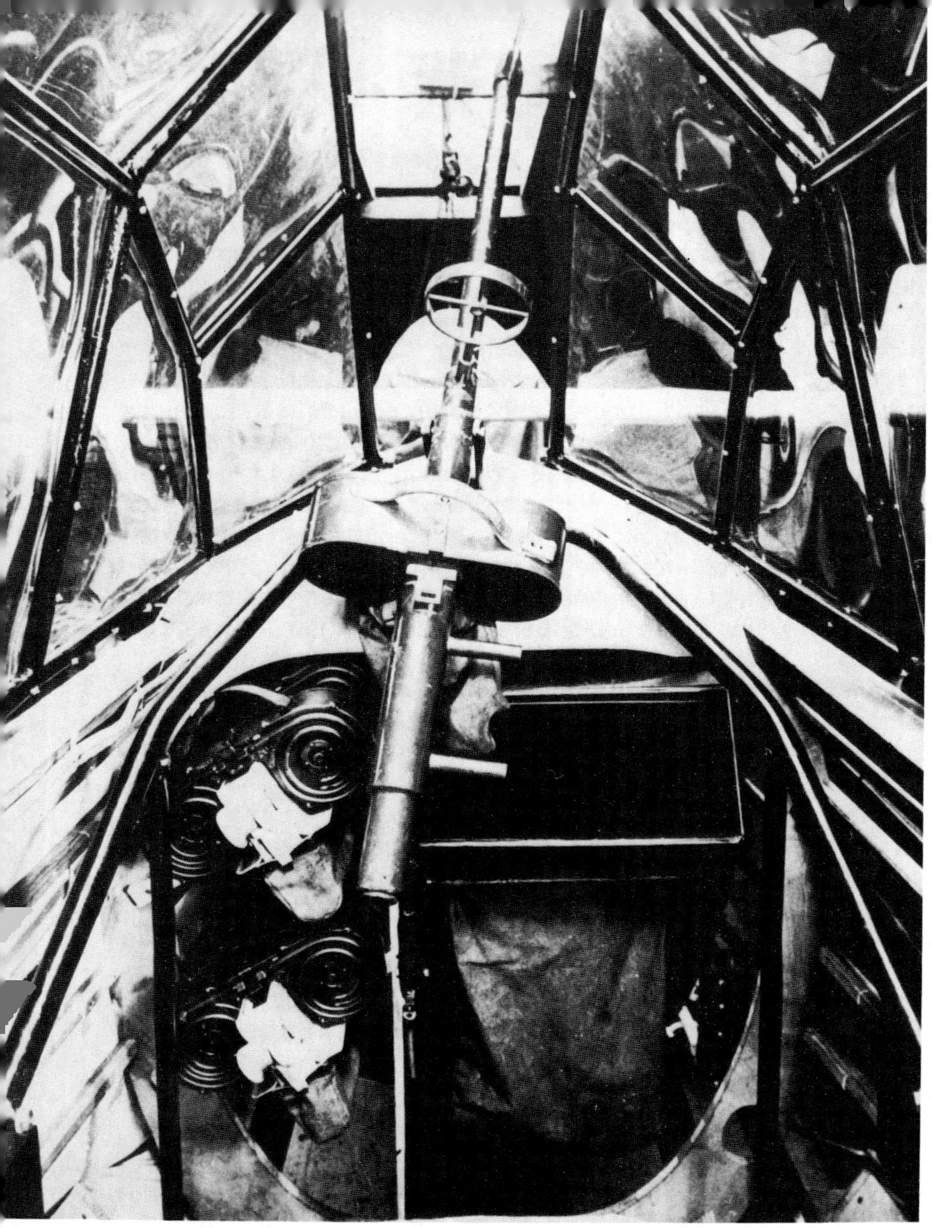

Links: Das MG 15 (Kaliber 7,92 mm) stellte die Abwehrbewaffnung der Ju 87 A dar. Im Bild unten links sind die Ersatzmagazine zu erkennen.

Unten:
Eine Ju 87 A mit ETC 50 unter den Tragflächen als Vorversuch für die B-Serie, welche vier ECTC 50 unter den Tragflächen zusätzlich zur Abwurfanlage unter dem Rumpf erhielt.

Oben: »Fliegerdenkmal« einer frühen Version der Ju 87 B-1. Die Ausrüstung der Ju 87 B-1 mit dem Jumo 211 A mit 1.200 PS erbrachte eine gewisse Leistungssteigerung. Die Geschwindigkeit erhöhte sich ohne Bomben auf 350 km/h und die Kampfmittelzuladung auf 1.000 kg. Eine Operation über Feindgebiet war aber nur bei eigener Luftherrschaft möglich. Dies sollte sich in der Luftschlacht um England deutlich zeigen.

Unten: Ju 87 B des StG 51.

Oben: Das NSU Kettenrad stellte ein hervorragendes Schlepp- und Transportgerät in den schwierigen Geländebedingungen der Ostfront dar. Im Hintergrund eine Ju 87 D mit Ski-Ausrüstung.

Unten: Diese Ju 87 B diente für Vorstudien zum Einbau des Jumo 213 E. Dazu konstruierte die Firma Bär einen speziellen Kühler, welcher an dieser Maschine erprobt wurde.

Links:
Gerät zum Anheben der Abwurfmittel an die Bombenaufhängungen.

Rechts:
Der Waffenbehälter WB 81 A mit drei MG 81Z und 250 Schuß pro Waffe kam für Angriffe auf ungepanzerte Ziele zum Einsatz.

Linsk:
Der Einbau eines Jumo 211 J mit 1.300 PS Leistung, der flachere Kühler und eine neu konstruierte Kabinenhaube gaben dem Standardsturzkampfflugzeug der Luftwaffe ein neues Aussehen. Die Geschwindigkeit konnte nochmals geringfügig, die Abwurflasten auf 1.600 kg erhöht werden. Als Abwehrbewaffnung erhielt die D-Serie ein MG 81Z. Diese späte Ausführung der Ju 87 D-3 besaß außerdem eine zusätzliche Panzerung.

Links:
Eine späte Ausführung der Ju 87 D-1 mit untergehängten Bomben mit Abstandszünder. Dieser sollte die Bombe über der Erdoberfläche zur Explosion bringen.

Unten:
Mit sichtlichem Stolz präsentieren sich der Oberfeldwebel (im Vordergrund) und ein Unteroffizier der Kamera in der Ju 87. Beide sind ausgezeichnet mit dem EK 1 und besitzen das Flugzeugführerabzeichen.

DIE »KANONENVÖGEL« UND ZERSTÖRER

Die Ju 87

Die Ju 87 G-2, der einzige neben der Hs 129 in nennenswerten Zahlen eingesetzte Standard-Panzerjäger, ging auf die Baureihe G-1 zurück und war mit zwei BK 3,7 bewaffnet. Bis März 1943 kamen die ersten 25 Flugzeuge mit dieser Sonderbewaffnung zur Auslieferung. Die Luftwaffe bestellte wenig später weitere 22 Ju 87 G-2. Die Maschinen fanden sich nach Absolvierung der Erprobungsphase bei den Panzerjägerstaffeln 1 und 2.
In einer ausführlichen Besprechung am 1.8.1943 ging es um die künftige Panzerbekämpfung an der Ostfront. Der Abwehr gegnerischer Tanks wurde schon deshalb größere Priorität eingeräumt, da die schwere Pak bei den ungünstigen Witterungseinflüssen und wegen schlechter Straßenverhältnisse nicht immer pünktlich zur Stelle war. Während der Erprobung stellte sich jedoch heraus, daß auch die Ju 87 G nur als eine Übergangslösung angesehen werden konnte, da sie von vielen Piloten als zu wenig wendig und beschußsicher angesehen wurde. Dies hatte zur Folge, daß viele der »Fliegenden Panzerknacker« eine Zusatzpanzerung erhielten, um der Besatzung einen besseren Schutz zu verschaffen.
Die letzten Einsätze wurden im März und April 1945 durch Ju 87 G-2 der 2.(Pz)/SG 2, der 10.(Pz)/SG 9 und der 10.(Pz)/SG 77 geflogen. Infolge der massierten Flakartillerie der Roten Armee kam es dabei zu zahlreichen Verlusten.
Für die Bekämpfung ungepanzerter Ziele oder Truppenansammlungen konnten anstatt der beiden BK 3,7 auch die Waffenbehälter WB 81A (15° Waffenneigung) oder WB 81B (0° Waffenneigung) verwandt werden. Die Behälter wurden unter beiden Flächen an den Lastenträger mit Abwurfgeräten für Ösenmunition (Schloßlafette 100/500) eingehängt. Aufmunitioniert wurden meist SmK-, SmL- und PmK-Geschosse im Verhältnis 2:2:2. Die Verwendung der Behälter war jedoch begrenzt, da die MG 81 als Defensivbewaffnung für fast alle deutschen Kampfflugzeuge dringend benötigt wurden.

Oben:
Im Dezember 1942 rüstete man eine Ju 87 D-1 mit zwei 3,7-cm-Flak 18 aus. Nach dem Beweis der prinzipiellen Tauglichkeit erhielten im Februar 1943 weitere Maschinen, nun allerdings Ju 87 D-3, die neue Bewaffnung. Die Bezeichnung dieser umgebauten Stukas lautete nun G-1. Als Version Ju 87 G hatten sie keine Sturzflugbremsen und auch keine Möglichkeit zur Mitnahme von Abwurfwaffen.

Oben und links:
Die BK 3,7 entstand aus der Flak 18 unter Änderung des Rücklaufmechanismus, Kürzung des Laufs und Einbau eines Fernabzugs. Modifiziert betrug die Rohrlänge der Bordkanone 210,60 cm, die Gesamtlänge 375,00 cm. Mit der ab Februar 1942 bei der E-6 Gruppe in Rechlin erprobten Hartkernmunition erreichte man zunächst eine Durchschlagsleistung von 58 mm bei einem Auftreffwinkel von 60° aus 100 m Entfernung. Mit der später verwendeten Pz.Gr. L'spur änderte sich diese Durchschlagsleistung auf 120 mm.

Oben: Eine Ju 87 G-1 des Panzerjagdkommandos Weiss in Rußland. Jede Flak 18 verfügte über zwölf Schuß. Jeweils sechs Wolfram-Stahlgranaten waren in einem Magazin an der Seite der Waffe. Die Spinnerspitze ist rot bemalt.

Links: Die Junkers Ju 87 G-2 war eine zur Panzerbekämpfung mit BK 3,7 umgerüstete D-5 mit verlängerter Spannweite. Etwa 208 Flugzeuge wurden umgebaut.

Links:
Zum Einjustieren der Waffen im Schießstand wurde die Ju 87 G-2 aufgebockt und ausgerichtet.

Die Ju 88 P

Neben der Ju 87 G-1/G-2 mit ihren beiden Bordkanonen vom Kaliber 3,7 cm, entwickelten die Junkers Werke noch vier Grundtypen eines schweren Panzerjägers auf der Basis des Bombers Ju 88 A-4. Der erste Versuchseinbau wurde bei der Ju 88 V52 (Werk-Nr. 2047) vorgenommen und bestand aus einer 7,5 cm Panzerabwehrwaffe.
Der Prototyp für die später als P-1 bezeichneten Baureihe erhielt im Juli 1942 eine nochmals verstärkte Waffenlafette und gab später 240 Schuß mit der modifizierten Kanone auf Stahlplatten und Beutepanzer ab. Die Ergebnisse dieses Beschußversuchs führten notwendigerweise zu einer konstruktiven Verstärkung des Rumpfbugs und seiner Beplankung.
Etwa im März 1943 wurde die Umrüstung von weiteren zwölf Mustermaschinen in Auftrag gegeben. Geplant war die Aufstockung um weitere 17 Flugzeuge des Typs P-1. Anschließend sollten dann 30 dieser Panzerjäger pro Monat vom Band laufen.
Da die Ausbringung von schweren Pak 40 (BK 7,5) jedoch viel zu gering war, konnte auch diese Planung nicht realisiert werden. Das Oberkommando des Heeres (OKH) schlug daher vor, die kalibermäßig kleinere Kampfwagenkanone KWK 39 (Bezeichnung bei der Luftwaffe: Bordkanone BK 5) einzubauen. Nachdem eine Einbauuntersuchung keine Bedenken ergab, wurde schnellstens der erste Auftrag über 100 Ju 88 P-1 storniert. Dennoch wurden einige P-1 beim Einsatzkommando Ju 88 (PzJ) im Sommer 1943 truppenmäßig im Osten erprobt. Wegen der zu großen Verwundbarkeit der Maschine sprach sich das OKL jedoch wenige Wochen später erneut für die Hs 129 B-3 sowie die Ju 87 G-1/G-2 aus, obwohl in der Regel ein 7,5 cm-Treffer zur Vernichtung eines noch so schweren Kampfpanzers ausreichend erschien.
Die geplante und bereits angelaufene Umstellung der III./KG 1 auf Ju 88 P wurde deshalb vorzeitig abgebrochen.

Für den Musterbau der BK 7,5 unter der Ju 88 P-1 kamen verschiedene Mündungsbremsen zum Einsatz.

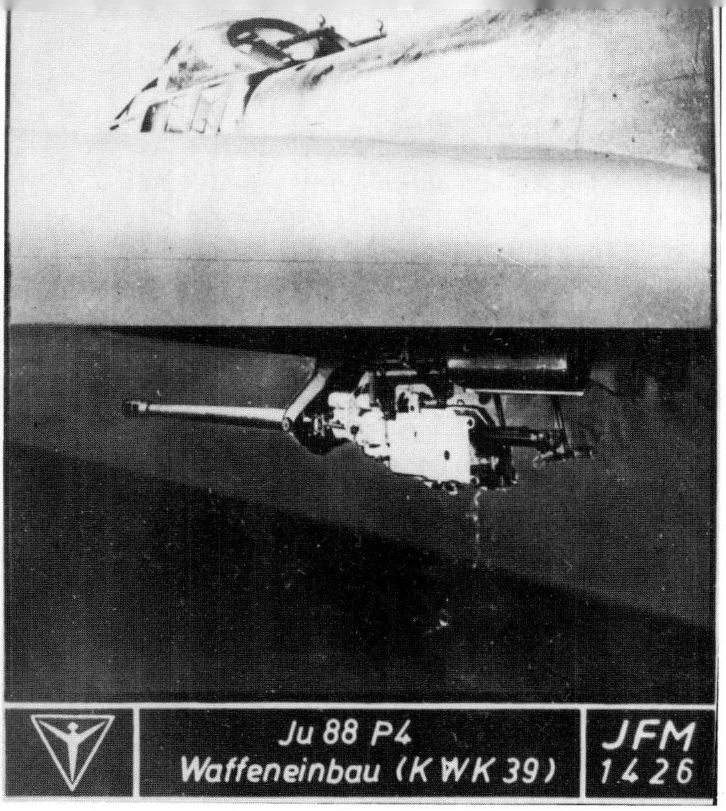

Der erste Prototyp der Ju 88 P-2, die Werk-Nr. 140452, wurde auch als Ju 88 V57/1 geführt. Die Maschine erhielt zwei BK 3,7 in einer geräumigen Bodenwanne. Im Juli 1943 erfolgte mit der Verstärkung der Bodenwanne der erste Schritt zur P-4. Obwohl sich die Waffenanordnung bewährt hatte, strich das RLM auch diese Baureihe. Die nachfolgende Ausführung P-3 glich der P-2, die Maschine sollte in der Serienausführung jedoch wesentlich besser gepanzert werden. Da hierdurch das Fluggewicht anstieg, was zu Lasten der Flugleistungen ging, blieb es bei einem einzigen Musterflugzeug. Nach der Streichung der ersten drei Baureihen nach nur wenigen Prototypen und Nullserienmustern kam Junkers wieder auf die V57 zurück. Außer einer Ju 88 S-1 mit zwei KWK 39 in einer neugestalteten Bodenwanne, wurde die V57 mit einer 50-mm-Waffe ausgestattet. Nach der probeweisen Abgabe von über 150 Schuß — unter Verwendung einer halbautomatischen Ladeeinrichtung — im Oktober 1943, wurde die Maschine von Tarnewitz nach Dessau überführt und dort vollständig überholt. Obwohl eine Serienproduktion aus Kapazitätsgründen ab Ende 1943 nicht in Frage kam, wurde die Ausführung P-4 als einzige dennoch in der offiziellen Baureihenübersicht des RLM aufgenommen.

Ferner gab es noch eine Mustermaschine mit MK 112, die Ju 88 V53 (Werk-Nr. 1182) sowie mindestens einen Prototyp mit der Düsenkanone (Düka) 88. Dieses Muster wurde Ende 1943 fertiggestellt und anschließend Anfang 1944 ausgiebig erprobt. Zum Einsatz gegen Feindpanzer kam es nicht mehr. Dies gilt auch für die Versuche, die geplante Ju 88 P-4 mit einer Batterie von Rauchzylindern (RZ) 65 auszurüsten und damit die sogenannte »Eisenbahnbekämpfung« durchzuführen.

Oben links:
Weil die Ausbringung an Pak 40 zu gering war, schlug das OKH vor, die Kampfwagenkanone KWK 39 mit Kaliber 5 cm zu verwenden, welche bei der Luftwaffe die Bezeichnung Bordkanone BK 5 hatte. Diese Ausführung wurde Ju 88 P-4 genannt.

Oben und rechts:
Die Umrüstung zur Ju 88 P-1 erfolgte im Juli 1942. Zur Verwendung kam die Pak 40 mit Kaliber 7,5 cm. Die gezeigte Maschine gehörte zum Panzerjagdkommando Ju 88, wo im Sommer 1943 Einsatzflüge erfolgten.

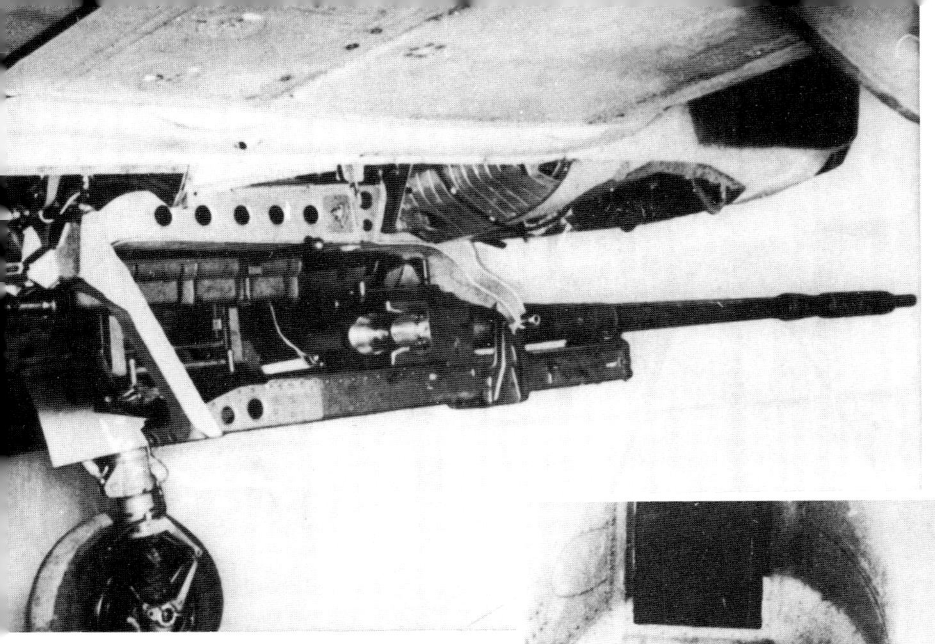

Links:
Die Aufnahme zeigt gut die Aufhängung der Lafette für die 7,5-cm-Kanone unter der Ju 88 P-1 am Rumpf. Die Bodenwanne wurde dazu entfernt.

Rechts:
Um auch stark gepanzerte Ziele bekämpfen zu können, versuchte man eine 7,5-cm-Waffe am Flugzeug zu verwenden. Geeignet erschien dazu die Ju 88 A-4. Mit der BK 7,5 erhielt sie dann die Bezeichnung Ju 88 P-1.

Links und unten:
Die Junkers Ju 88 P-2 erhielt zwei BK 3,7 in einer neu gestalteten, geräumigen Bodenwanne. Die Umrüstung dieser Ju 88 V57/1 mit der Werknummer 140452 erfolgte im Juli 1943.

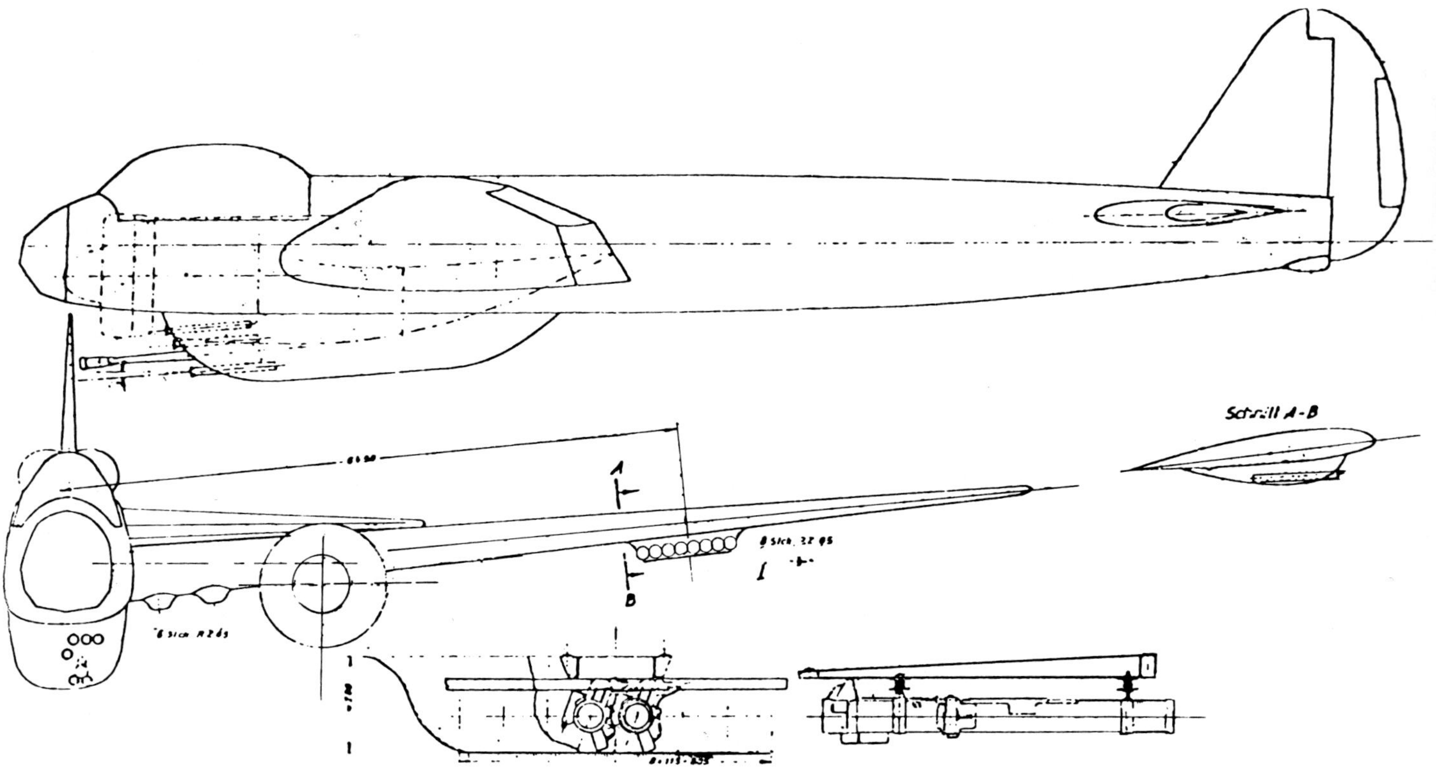

Oben:
Übersichtszeichnung für den Einbau von Einzelschußrohren RZ 65 in Ju 88 P-4.

Unten:
Anbau der Bordkanone BK 7,5 an die Ju 88 P-1.

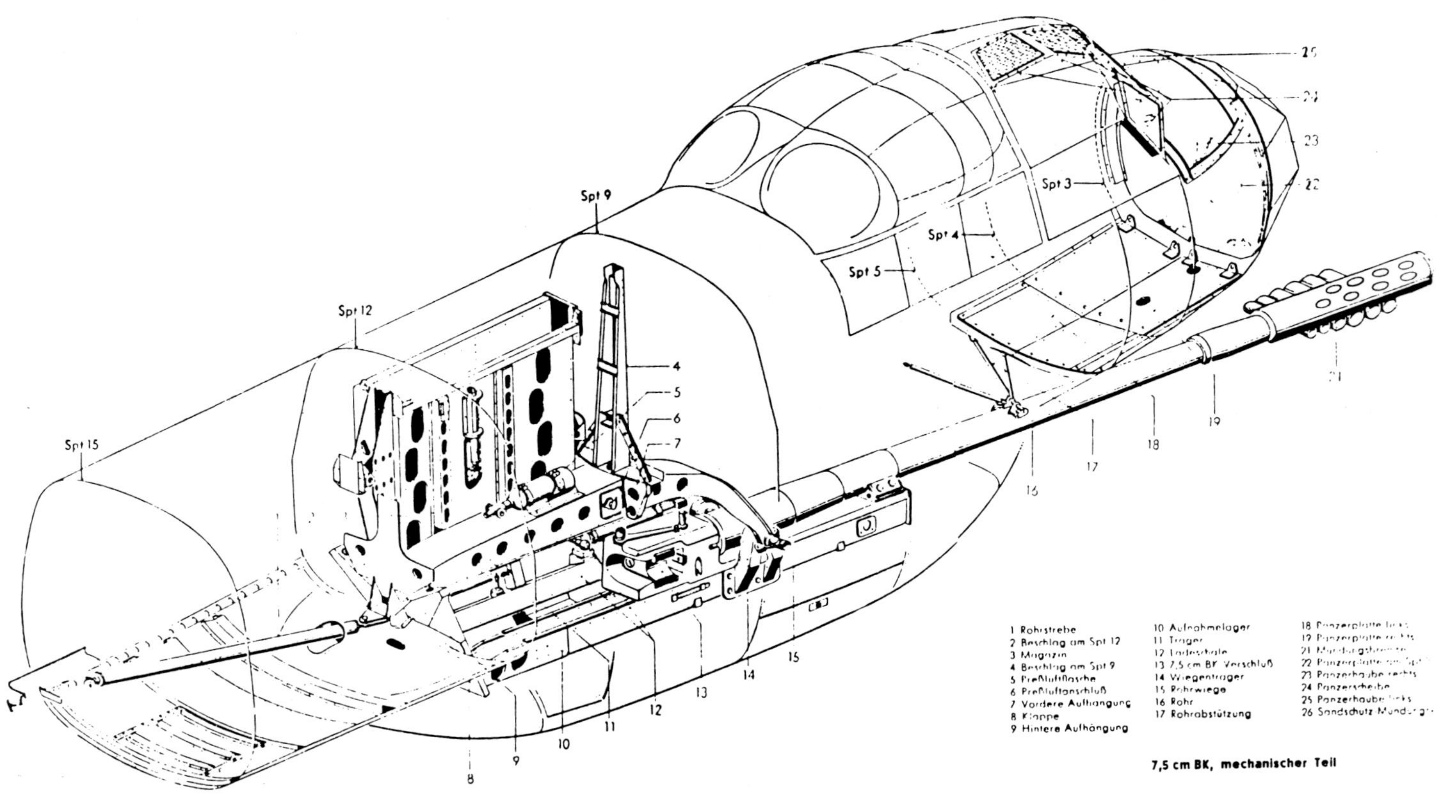

Die Ju 88 V57/1 erhielt nach der Umrüstung auf die BK 3,7 die Bezeichnung Ju 88 P-2.

Die Hs 129

Als direktes Ablösemuster wurde von den Henschel-Werken ab April 1938 das Projekt P 46, die spätere Hs 129, vorbereitet. Nach dem im Mai eine erste Attrappe fertiggestellt war, wurde wenige Monate später, im August 1938, befohlen, den Entwurf auf zwei As 410 abzuändern, da geeignete Motoren noch nicht lieferbar waren. Im November begann der Bau der Hs 129 V1. Da die Argus-Triebwerke immer noch nicht eingetroffen waren, mußte der Beginn der Flugerprobung bis zum 26. Mai 1939 verschoben werden. Es folgte sodann der mehrfache Umbau des Prototyps.
Die zweite Hs 129 flog erstmals am 30.11.1939, bei der V3 bedingte wieder das Fehlen der Triebwerke einer Terminverzögerung. Erst ab 2.4.1940 begann daher die Werkserprobung, die infolge der mangelhaften Triebwerke bei allen drei Musterflugzeugen stark beeinträchtigt wurde. Nachdem die Hs 129 V2 am 5.1.1940 infolge Absturz verlorengegangen war und es bei der V3 Bruch gegeben hatte, konnte nur der erste Prototyp am 31.7.1940 nach Rechlin — zur Erprobung unter Einsatzbedingungen — überführt werden. Im Juni 1940 wurde neben der Nullserie (12 A-0) mit der Produktion der ersten 16 A-1 bei Henschel begonnen. Da noch immer die für das Tiefangriffs-/Panzerjagdflugzeug notwendigen Motoren fehlten, wurde die A-1-Serie in B-0 umbenannt und im September 1940 zwangsläufig mit der Einbauuntersuchung für die Gnome & Rhone-Sternmotoren begonnen. Hierfür wurde als Versuchsmuster die Hs 129 V3 ab dem 19.3.1941 herangezogen, welche jedoch ebenfalls während der Tests zu Bruch ging. Anschließend begann dennoch die Mustererprobung der B-0 in Rechlin.
Allerdings kam die Auslieferung der Serienmaschinen vorerst nur recht langsam voran. Bis zum 31.12.1942 ließen sich lediglich 248 Hs 129 an die Luftwaffe abliefern, von denen jedoch innerhalb kurzer Zeit 41 Maschinen teils mit, teils ohne Feindeinwirkung verlorengingen. Im März waren 212 von 331 Maschinen, d.h. 64% des ursprünglichen Bestandes zerstört.
Nach dem Aufgreifen einiger Änderungswünsche des RLM wurde schließlich die Kabinenverglasung maßgeblich verbessert und die Motorenverkleidung sowie die Ölkühleranordnung überarbeitet. Eine darüber hinausgehende zellenmäßige Fortentwicklung war zu aufwendig, worauf nur noch an einer leistungsstärkeren Bewaffnung gearbeitet wurde. Die Standardbewaffnung bestand aus einer MK 101 (später einer MK 103 mit 30 Schuß) sowie zwei MG 151/20 und zwei MG 17. Es konnten bis zu acht 50-

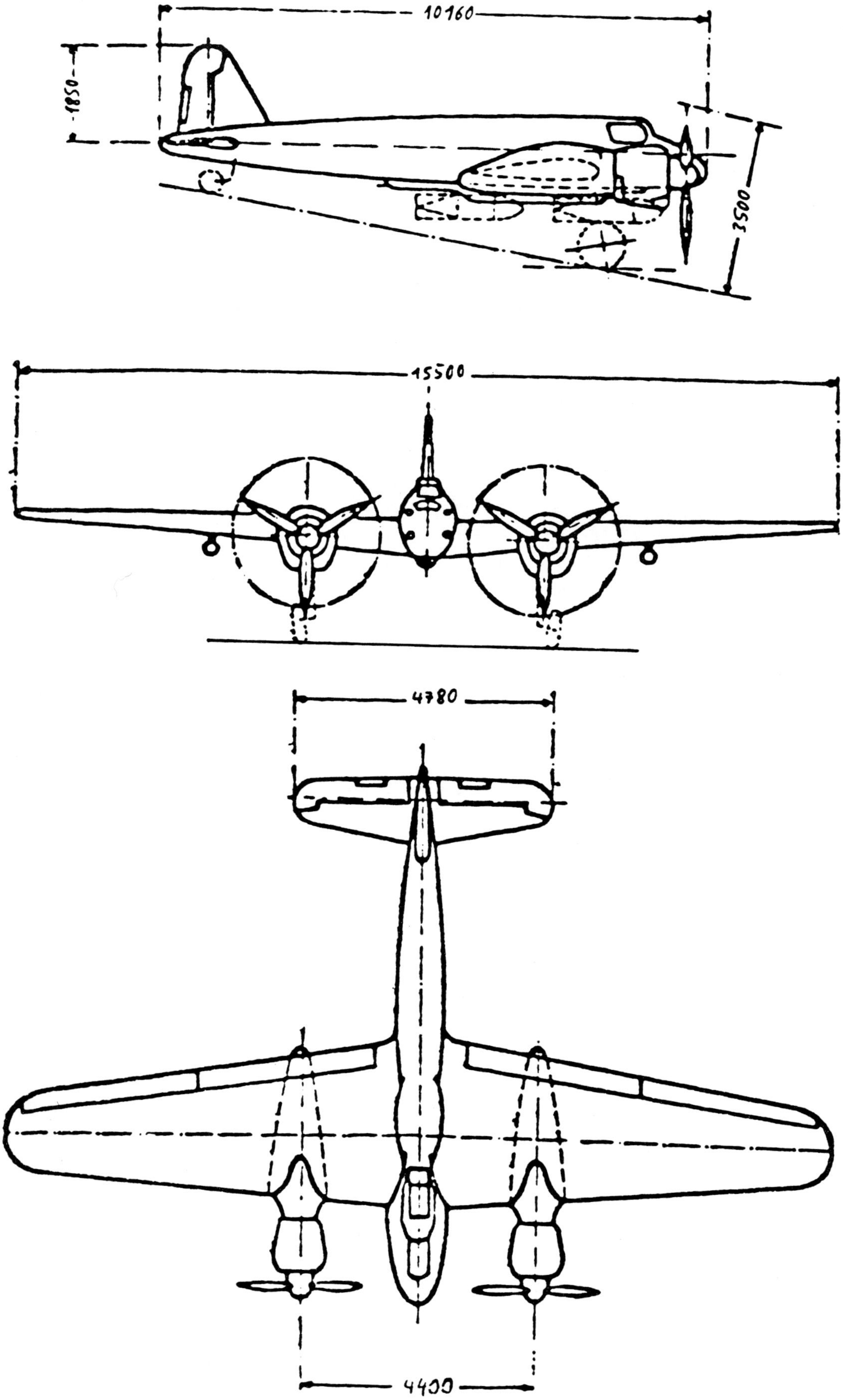

Aus dem Henschel Projekt Hs P 76 entstand 1938 die Hs 129.

kg-Bomben geladen werden, wobei dann jedoch die 30-mm-Kanone entfallen mußte. Dank der 30-mm-Waffe gelangen an der Ostfront zahlreiche Erfolge in der Panzerbekämpfung. Die MK 101-Bewaffnung erwies sich jedoch nicht in allen Fällen als ausreichend. Anfang August 1943 waren vier Staffeln, die 4. und 8./SG 1 sowie das SG 2 und die Panzerjägerstaffel 51 mit der Hs 129 ausgerüstet.
Die weitere Entwicklung sah daher folgende Verbesserungen und Einbauten vor:

Links:
Die Hs 129 entstand Ende 1938 aus dem Henschel Projekt P 46 als zweimotoriges, gepanzertes Schlachtflugzeug. Links im Bild eine rumänische Hs 129 B.

Rechts:
Weil die mit dem As 410 Motor ausgerüsteten Hs 129 A zu geringe Flugleistungen aufwiesen, wurden die Maschinen mit Gnome et Rhone 14M Motoren mit je 700 PS ausgerüstet. Diese Version erhielt die Bezeichnung Hs 129 B.

Links:
Eine Hs 129 B-2 der IV./(Pz)SG 9 bei Czernovitz im März 1944.

Links und unten:
Erste Mustermaschine der Hs 129 B-2 Serie, Werknummer 141291, welche mit dem MK 101 ausgerüstet wurde (links mit abgeklappter Kanonenanlage).

Unten:
Einbauzeichnung für das MK 103 in die Hs 129 B-2.

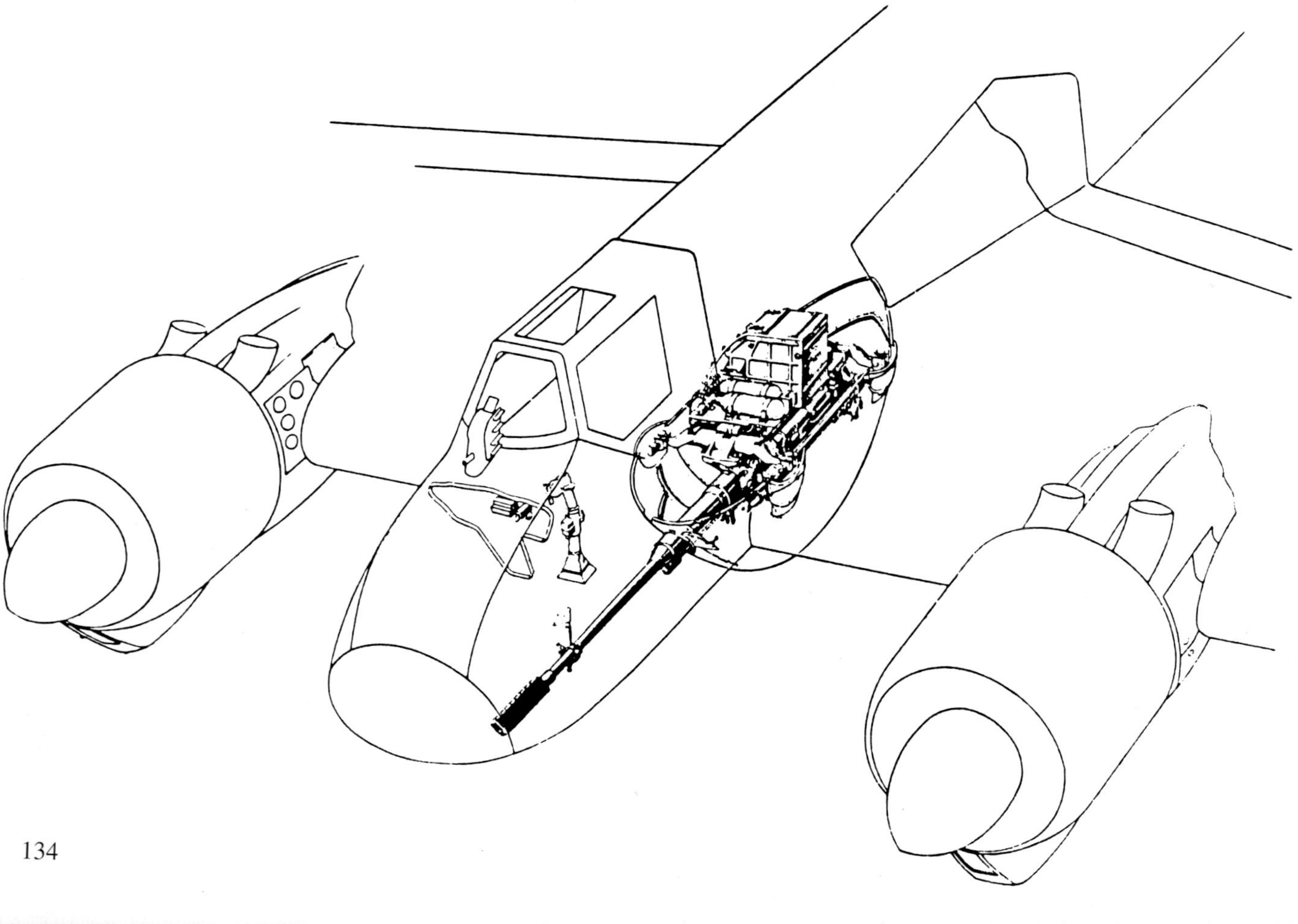

Oben: Einsatzversion der Hs 129 B-2 mit MK 101. Diese Waffe, mit 30-mm-Kaliber, hatte ein Montagegewicht von 180 kg. Die Gesamtlänge betrug 264,20 cm. Aus 300 m Entfernung ließ sich eine Panzerung von 75 mm Stärke durchschlagen.

Unten: Diese Hs 129 B-2/R-2 (Werknr. 141859) befand sich an der Ostfront im Einsatz und gehörte im Sommer 1943 zur 4./Sch.G.1, welches kurze Zeit später zum 10.(Pz)./SG 9 wurde. Gut erkennbar die untergebaute Zusatzbewaffnung mit dem MK 103.

a) Rüstsatz mit vier MG 17 mit je 1000 Schuß (Fronteinsatz)
b) Rüstsatz mit zwei MG 131 mit je 500 Schuß (nur Attrappe)
c) Rüstsatz mit vier MG 131 mit je 250 Schuß (nur Attrappe)
d) Rüstsatz mit zwei MG 151 mit je 250 Schuß (nur Attrappe)
e) Rüstsatz mit zwei MG 103 mit je 25 Schuß (Standbeschuß)
f) Rüstsatz mit 5 cm-Kanone mit 20 Schuß (nur Attrappe)
g) Rüstsatz mit 7,5 cm-Kanone mit 12 Schuß (nur Versuch)
h) Rüstsatz mit Rost für SD 24. u.a. Bomben (Fronteinsatz)
i) Einbau von Wurfgranaten WGr. 21 und WGr. 30 (nur Versuch)
j) Einbau von Sondergeschossen mit Kal. 5/7 cm (nur Versuch)
k) Einbau eines Flammenwerfers mit 300 l (nur Versuch)
l) Senkrechtschußanlage, automatische Auslösung (nur Versuch)

Zwischenzeitlich war von der Baureihe B-0 auf die B-2 übergegangen worden, welche die modifizierte Motorenabdeckung besaß. Die projektierte C-1 sollte schwerer bewaffnet sein und über eine stärkere Motorenpanzerung verfügen.
Zugleich wurde ab Oktober 1943 die erste Mustermaschine (Werk-Nr. 140494) mit BK 7,5 sowie zwei B-2 (Werk-Nr. 141291 und 141292) mit einer BK 5 ausgerüstet. Erste Versuchsflüge wurden im Dezember 1943 unternommen.

Links:
Mit einer Holzattrappe der Waffenanlage BK 7,5 sollte das Flugverhalten der Hs 129 B-2 nach dem Umbau untersucht werden.

Oben:
Frontansicht der Hs 129. Gut erkennbar das außen gelegene Visier und die Mündung der MG 151/20. Das Bild läßt die Enge in der Kabine erahnen.

Unten:
Mustereinbau der BK 3,7 unter einer Hs 129 B-2 während der Waffenerprobung in Tarnewitz. Der Einsatz erfolgte dann bei der IV./SG 9. Besonders erfolgreich fand diese Waffe bei der Ju 87 G Verwendung.

Auch während des Frühjahrs wurde der Einsatz der Hs 129 — wenn auch unter erschwerten Bedingungen — fortgeführt. Bis zum 12.4.1944 gelang es OFw Dittrich bei etwa 100 Einsätzen 42 gegnerische Panzer zu zerstören. Allein am 13.3.1944 wurden seitens der Hs 129 sieben schwere Kampfpanzer, dreizehn Sturmgeschütze, ferner eine IL 2, eine Jak 5 und über 80 Fahrzeuge der vordringenden Roten Armee außer Gefecht gesetzt. An einem einzigen Tag gelang es zwölf Piloten des SG 9 mit ihren Hs 129 46 T 34 abzuschießen. Am erfolgreichsten war Hauptmann Ruffer, der im April 1944 mit 63 Panzerabschüssen an der Spitze lag. Die 10.(Pz)/SG 9 verbuchte allein im März 1945 100 T 34, 30 Sturmgeschütze, einige Hundert Fahrzeuge sowie sechs Flugzeuge. Zwei Maschinen wurden vom Gegner abgeschossen und stürzten brennend ab.

Aufgrund der Erfolge mit der MK 101/103-Bewaffnung gegen gepanzerte Fahrzeuge, erhielt Henschel Anfang 1944 den Auftrag, vorerst zwölf Musterflugzeuge (B-3) mit der BK 7,5 umzurüsten. Die hierzu verwendeten Maschinen des Typs B-2 und C-1 besaßen vormals nur die 50-mm-Waffe. Die Versuche zogen sich infolge zahlreicher Änderungen monatelang dahin. Erst im Sommer lief die Erprobung in Rechlin und Tarnewitz an. Von dort aus gingen die drei ersten Musterflugzeuge an das Erprobungskommando (EKdo) 26, wo jedoch die Störungen des Hülsenauswurfs weiter anhielten. Nach 24 Luftbeschüssen auf Beutepanzer wurde im Oktober 1944 die Entwicklung auf Befehl des RLM eingestellt, da die 75-mm-Waffe in der Hs 129 keine ausreichende Betriebsreife besaß. Zu Fronteinsätzen kam es mit der Hs 123 B-3 nicht mehr.

Bis Anfang 1944 waren 754 Hs 129 ausgeliefert, von denen am 30.3.1944 noch 244 vorhanden waren. Bis Herbst 1944 konnten insgesamt 1160 Hs 129 produziert werden. Die letzten dieser Maschinen (B-2/C-1) waren noch im März 1945 im Bereich der Luftflotte 6 im Einsatz.

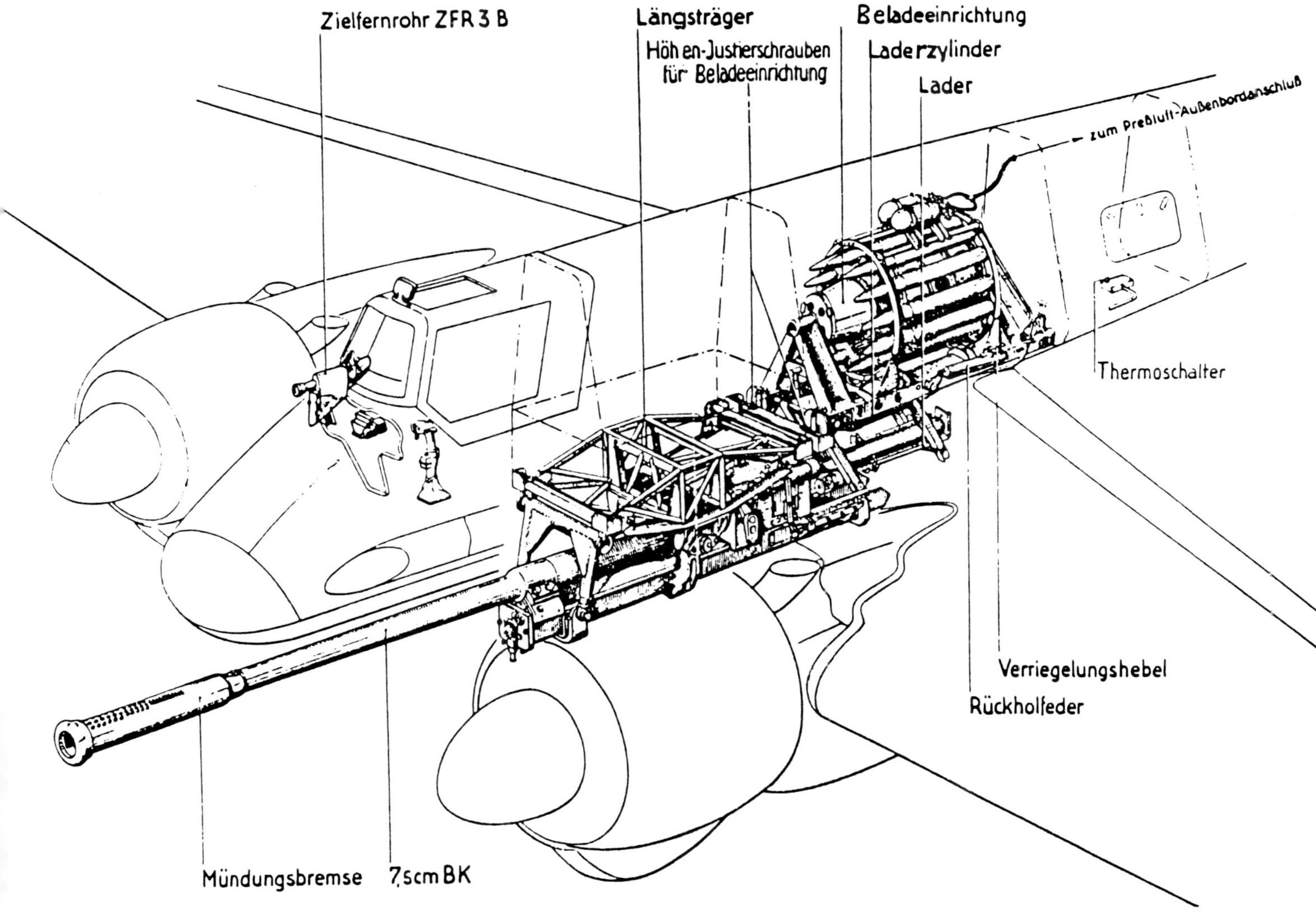

7,5 cm BK mit Beladeeinrichtung an Hs 129 B-3
(Waffenverkleidung abgenommen)

Unten: Anfang 1944 erhielt Henschel den Auftrag, zwölf Hs 129 B-2 mit der BK 7,5 auszurüsten. Die Typenbezeichnung hierfür lautete Hs 129 B-3. Wegen verschiedener technischer Probleme kam es zu keinem Fronteinsatz mit dieser Waffe.

Die He 177

Das RLM plante im Frühsommer 1942, eine Serie von zwölf He 177 A-1 mit je zwei MK 101 als »Zerstörer« umzubauen. Ziel war zunächst die Bekämpfung von gegnerischen U-Booten und amerikanischen Viermotorigen, die auf dem Flug nach England waren. Ab Juni 1942 sollten die Musterflugzeuge bei der Erprobungsstaffel 177 getestet werden. Da dort keine Kapazität mehr frei war, kamen die Musterflugzeuge Mitte Oktober 1942 stattdessen zum I./Fernkampfgeschwader (FKG) 50 nach Rechlin-Lärz. Die Maschinen standen hiernach lange auf verschiedenen mitteldeutschen Plätzen, ehe feststand, daß der Einsatz über dem Atlantik nicht stattfinden würde und die verbliebenen Maschinen im Rahmen der »Eisenbahnbekämpfung« im Osten zu verwenden seien. Infolge der Größe der He 177 A-1 kam die Luftwaffenführung bald zu dem Schluß, die »Zerstörer-Flugzeuge« bald wieder in normale Horizontalbomber umzurüsten. Die Maschinen wurden dann dem FKG 50 überstellt und dort aufgebraucht. Weitere Versuche mit 30 senkrecht eingebauten Werferrohren vom Kaliber 21 cm dienten jedoch nicht dem Bodenbeschuß, sondem der Bekämpfung alliierter Bomber im Rahmen der Reichsluftverteidigung.

Unten und rechte Seite oben:
Im Frühsommer 1942 ließ das RLM zwölf He 177 A-1 mit je zwei 30 mm MK 101 als sogenannte »Zerstörer« umrüsten. Ein Geschwindigkeitsverlust von 30 km/h war die Folge. Eine Bekämpfung von amerikanischen Viermot-Bombern über dem Meer, das eigentliche Einsatzziel dieser Version, war aber nicht möglich, da Langstreckenjäger die alliierten Bomber schützten. Daraufhin sollten die Maschinen an der Ostfront zur Verwendung kommen. Die abgebildete Maschine war das erste Umbauflugzeug.

Unten:
Dieses Foto beweist eindeutig, daß es sich bei dem Waffeneinbau um zwei MK 101 handelt, entgegen weitläufiger Literaturmeinung.

Oben: Die Fiesler Fi 156 »Storch« war wohl eines der verwandlungsfähigsten Flugzeuge der ehemaligen deutschen Luftwaffe, so daß es auch Verwendung als Behelfskampfflugzeug fand. Diese Version wurde als »Polizei-Storch« bezeichnet und diente unter anderem der Partisanenbekämpfung.

Rechts: Warte beim Aufhängen einer Splitterbombe unter der Tragfläche der Fi 156.

DIE BEHELFSKAMPFFLUGZEUGE

Die Ar 66, He 45/46, Go 145 und Si 204

Ursprünglich als Nahaufklärer entworfen, wurden beide Heinkel-Maschinen schon vor Beginn des Krieges auch Aufgaben im Bereich der Luftnahunterstützung zugewiesen.
Insbesondere die verbliebenen He 46 D-1 wurden selbst ab 1943 verschiedentlich von Flugschulen noch den neu gebildeten Nachtschlachtgruppen zugewiesen und leisteten selbst unter ungünstigen Witterungsbedingungen Erstaunliches.
Ähnlich erging es den Schulmaschinen der Typen Ar 66 und Go 145. Die zweisitzigen Maschinen erhielten provisorische Bombenaufhängungen für kleine Abwurflasten. Die meisten der Doppelsitzer flogen selbst im Winter 1944/45 an der Ostfront. Von der Ar 66 gab es am 30.1.1945 noch 29 Flugzeuge, von der Go 145 immerhin 72 »Nachtschlächter«.
Am 1. und 19.2.1945 wurden bei der 2./NSG 5 jeweils eine Go 145 A infolge Motorstörung mit anschließender Bruchlandung beschädigt. Eine weitere Go 145 ging durch Flakbeschuß am 14. Februar verloren. Bei einer vierten explodierte eine Bombe, die sich nicht vom ETC gelöst hatte, bei der Landung.
Am 3.5.1945 befanden sich Teile der NSG 5 in Oberösterreich, die NSG 7 löste sich in Agram und Graz auf, während sich die NSG 4 nach Olmütz-Süd zurückgezogen hatte. Kurz zuvor hatte man bei der NSG 4 noch einige Si 204 im Raum Ratibor eingesetzt. Einige wenige Maschinen dieses Typs gehörten auch zum Bestand der NAG 3, die dort der bewaffneten Aufklärung gute Dienste leisteten. Am 9.4.1945 hatten drei Si 204, einige Fw 190 und vier Fi 156 im Rahmen ihres Aufklärungsauftrags den Raum um die »Festung Breslau« aufgeklärt und die sowjetischen Verbände mit Bordwaffen und einigen Abwurfbehältern belegt. Die Fi 156, ein mehrsitziges Aufklärungsflugzeug wurde schon früher versuchsweise mit leichten Abwurfwaffen ausgestattet. Unter der Bezeichnung »Polizei-Storch« begann mit der Fi 156 eine kurze Truppen-Erprobung, die jedoch bald eingestellt wurde, da die Maschine als zu verwundbar erschien. Außer diesen Baumustern kamen auch die Ar 79, die Fw 44 sowie diverse Bücker-Schulflugzeuge als Behelfskampfflugzeuge zum Einsatz.

Fiat CR 42

Neben gut 100 Ar 66 und Go 145 flogen noch weitere 80 Nachtschlachtflugzeuge ihre Einsätze während der letzten fünf Kriegsmonate. Insgesamt gab es Anfang 1945 über 400 Nachtschlachtmaschinen, davon 225 Ju 87 D-1 bis D-5. Zu diesem Bereich gehörten auch einige Fiat CR 42 der NSG 7, die im Februar und März 1945 an zahlreichen Tiefangriffen beteiligt waren, wobei mindestens zehn dieser Maschinen verlorengingen.

Rechts:
Die Arado 66c war als Schulflugzeug ausgelegt und wurde ab 1943 durch provisorische Bombenaufhängungen zum Schlachtflugzeug umgerüstet. Besonders im Nachteinsatz hatten die Maschinen Erfolge zu verbuchen.

Links:
Auch die Go 145 wurde für den Schlachtfliegereinsatz mit Abwurfvorrichtungen für Kampfmittel versehen.

Rechts:
Diese zwei Go 145 tragen den typischen Tarnanstrich für den Nachtschlachteinsatz. Bis Kriegsende standen diese Maschinen im Einsatz an vorderster Front, was sie ihrer robusten Konstruktion und der geringen Störanfälligkeit zu verdanken hatten.

Links:
Amerikanische Truppen inspizieren eine erbeutete Go 145.

DIE PANZERJÄGER MIT RAKETENBEWAFFNUNG

Die Fw 190 mit Panzerschreck

Im August 1944 erhielt beim EK 26 eine erste Fw 190 F-8 Abschußanlagen für die »Raketen-Panzergranate 4322« (»Panzerschreck«). Es handelte sich hierbei um 8,8-cm-Abschußrohre für Raketenpanzerbüchsen-Granaten.
Während der ersten 40 Schießanflüge wurden gute Treffergebnisse erreicht, wobei pro Anflug sechs Schuß ausgelöst wurden. Später folgten auch Einzelschüsse zur Ermittlung des Vorhaltewinkels. Ab Ende September kam es zur Einweisung der 5./JG 77 nebst Schulschießen auf Panzer in Udetfeld/Oberschlesien im Tiefangriff. Am 1.10.1944 verlegte die Staffel dann in ihren Einsatzraum. Wenig später war auch die technische Erprobung in Udetfeld abgeschlossen.
Ab Oktober wurde mit der Ausrüstung von 22 Fw 190 begonnen und waffentechnisches Personal eingewiesen.
Zwischen dem 11. und 17.12.1944 wurde vom EK 26 der Nachtbeschuß geprobt, jedoch fehlte im Gegensatz zum »Panzerblitz« die Leuchtspurwirkung. Ende Januar 1945 ging die 6./SG 3 zusammen mit der 5./SG 77 mit dem »Panzerschreck« in den Einsatz.
Am 22.3.1945 flogen die 8./SG 1, 6./SG 3 und 5./SG 77 Fw 190 mit »Panzerschreck«-Rosten. Weitere Abschußanlagen befanden sich bei der 2.(SG)/9 und der 10.(Pz)/SG 77, welche mit Ju 87 und Fw 190 ausgestattet waren. Im Gegensatz zum »Panzerblitz« wurden keine weiteren Einheiten umgerüstet.
Zu letzten Tiefangriffen, bei denen auch AB 250 und 500 zum Einsatz kamen und einige Piloten der Kampfgeschwader(Jagd) mit ihren Me 262 teilnahmen, wurden einige der Fw 190 F-8 mit »Panzerblitz« Ende April zum Entsatz der eingeschlossenen Reichshauptstadt eingesetzt.

Die Fw 190 mit Panzerblitz

Neben den Raketenrohren des Typs »Panzerschreck« wurde der »Panzerblitz« entwickelt. Mitte September 1944 wurde die erste Fw 190 F-8 mit »Panzerblitz«-Rosten ausgerüstet und schnellstens mit der Visiererprobung sowie der Ermittlung der Vorhaltewinkel begonnen. Bis zum 19.9.1944 kam es zu zwölf Schüssen mit dem »Panzerblitz«. Ende des Monats wurden Beutepanzer im Winkel von 30° beschossen. Außerdem wurden eine Schiffsattrappe sowie eine Lokomotive zum Testobjekt. Beim Übungsschießen der III./SG 4 wurden gute Trefferlagen bei 42 Probeangriffen ermittelt. Wesentlich funktionssichere Modelle der »Panzerblitz-Anlage«, die die Fa. Heber entwickelt hatte, trafen am 16.11.1944 in Udetfeld ein und wurden sogleich montiert. Anfang Dezember 1944 stand die Ausbildung von Flugzeugführern der III./SG 4 sowie eines Staffelkapitäns des SG 151 im Vordergrund des Geschehens beim EK 26.
Bis zum 11.12.1944 wurden Personal der II./SG 1, II./SG 2, II. und III./SG 3, der II./SG 4, I./SG 10 sowie des SG 151 intensiv geschult und 82 Flugzeuge auf das verbesserte Gerät »Panzerblitz 2« (d.h. der modifizierten R4M-Rakete mit Hohlladungskopf) umgerüstet.
Wenige Tage später wurde der Nachteinsatz mit der neuartigen Bewaffnung geprobt, wobei die Trefferwirkung gut zu beobachten war.
Die weitere Umrüstung und Ausbildung währte noch einige Wochen, so daß ab Januar 1945 mit dem scharfen Einsatz begonnen werden konnte. Erstmals kam die Raketenbewaffnung bei der III./SG 4 im Bereich der Luftflotte 6 zum Einsatz. In der Zeit vom 21.1.1945 bis 16.3.1945 gab es 16 Einsatztage. Dabei wurden bei 25 Einsätzen — mit insgesamt 115 Fw 190 genau 934 »Panzerblitz«-Raketen verschossen. 23 Feindpanzer meldeten die Piloten als vernichtet, elf weitere blieben bewegungsunfähig liegen. Geschützt wurden die Panzerjäger durch eigene Jagdkräfte in etwa gleicher Stärke.

Die sowjetischen Verbände reagierten sofort auf die neuartige Bedrohung. Die Panzerspitzen führten von nun an Flak auf Selbstfahrlafetten mit. In Ruhe suchten die sowjetischen Verbände Schutz in Wäldern und Häusern oder gruben die Kampfpanzer ein.
Im März 1945 wurde die Umrüstung der Fw 190 F-8 schwerpunkthaft in Gardelegen konzentriert. Dort erfolgte auch die Schulung von Piloten und Waffenwarten, wofür eigens genügend Treibstoff bereitgestellt wurde.
Ende des Monats fanden sich Fw 190 mit »Panzerblitz«-Rosten bei der 1. und 3.(Pz)/SG 9, der 9./SG 77 und bei drei weiteren Staffeln im Bereich der Luftflotte 6.
Bis zum 20.4.1945 stieg die Zahl der kampfstarken Einheiten auf zwölf. Infolge der Kriegslage kam es zu schwerwiegenden Transportproblemen, so daß zwar einige Zehntausend Projektile produziert, nicht aber zur Truppe transportiert werden konnten.
Wegen der hohen Treffergebnisse mit dem Gerät »Panzerblitz« ordnete der Kommandeur der Erprobungsstellen in den ersten Apriltagen an, die gleichzeitig unternommene Erprobung des SG 113 aufzugeben. Ebenso brach er Versuche mit unterschiedlichen Werfergranaten ab und führte das freiwerdende Personal Gefechtsverbänden zu.

Oben:
Mit der Fw 190 unternahm man Versuche mit der Wurfgranate WGr. 28 cm. Wegen der niedrigen Geschwindigkeit und der ungünstigen Trefferlage erwies sich die Waffe aber als ungeeignet für den Flugzeugeinsatz.

Oben:
Einbau des SG 113 A »Förstersonde« in einer Fw 190 F-8. Wegen Problemen mit der Auslösepriorität kam das Gerät aber nicht zum Fronteinsatz. Auch an drei Hs 129 B wurde das SG 113 montiert und am 18. Januar 1945 zwei erfolgreiche Versuchsflüge durchgeführt.

Oben: Diese Fw 190 F-8 ist mit Abschußrosten für Raketenbewaffnung zur Panzerbekämpfung ausgerüstet.

Oben: Abgestellte Fw 190 G mit ETC für Jabo-Aufgaben an der Ostfront.

Unten: Diese Fw F-8/R-1 der I./SG 51 wurde am 22. Januar 1945 auf dem Flugplatz Oels gesprengt. Die Maschine war mit Abschußrosten für den »Panzerschreck II« ausgerüstet.

Unten: Elf Einzelschußgeräte der Bordrakete RZ 65 unter dem Rumpf einer Bf 110. Die Projektile waren zur Bekämpfung von Luft- und Bodenzielen vorgesehen.

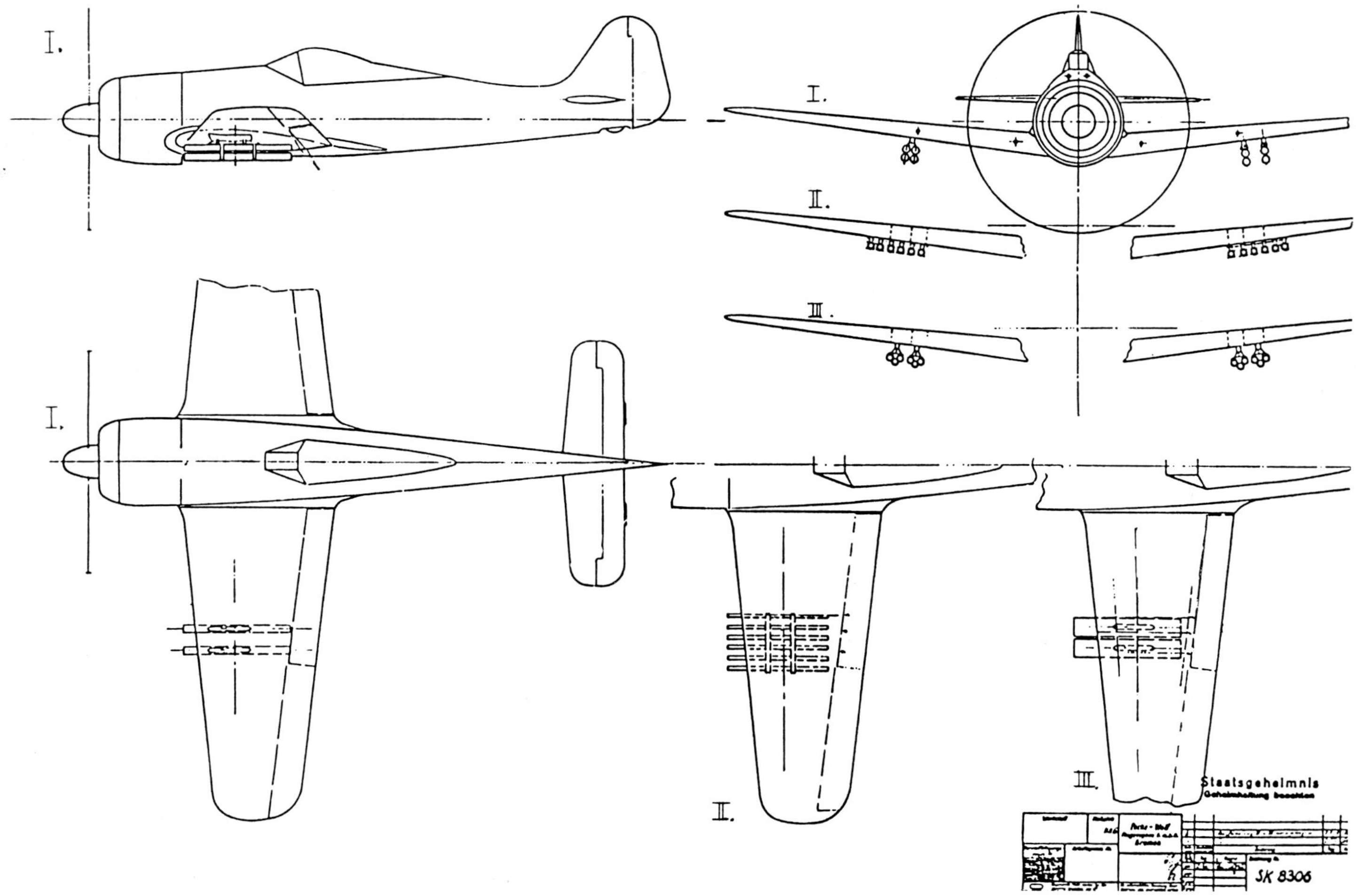

Oben: Anbringung der einzelnen Abschußgeräte an der Fw 190.
Zeichenerklärung:
I. Anordnung des PD 8,8 (getrennt und gebündelt)
II. Anordnung für »Panzerblitz«
III Anordnung für »Panzerschreck«

Unten: Funktionsschema für den Einsatz des SG 113.

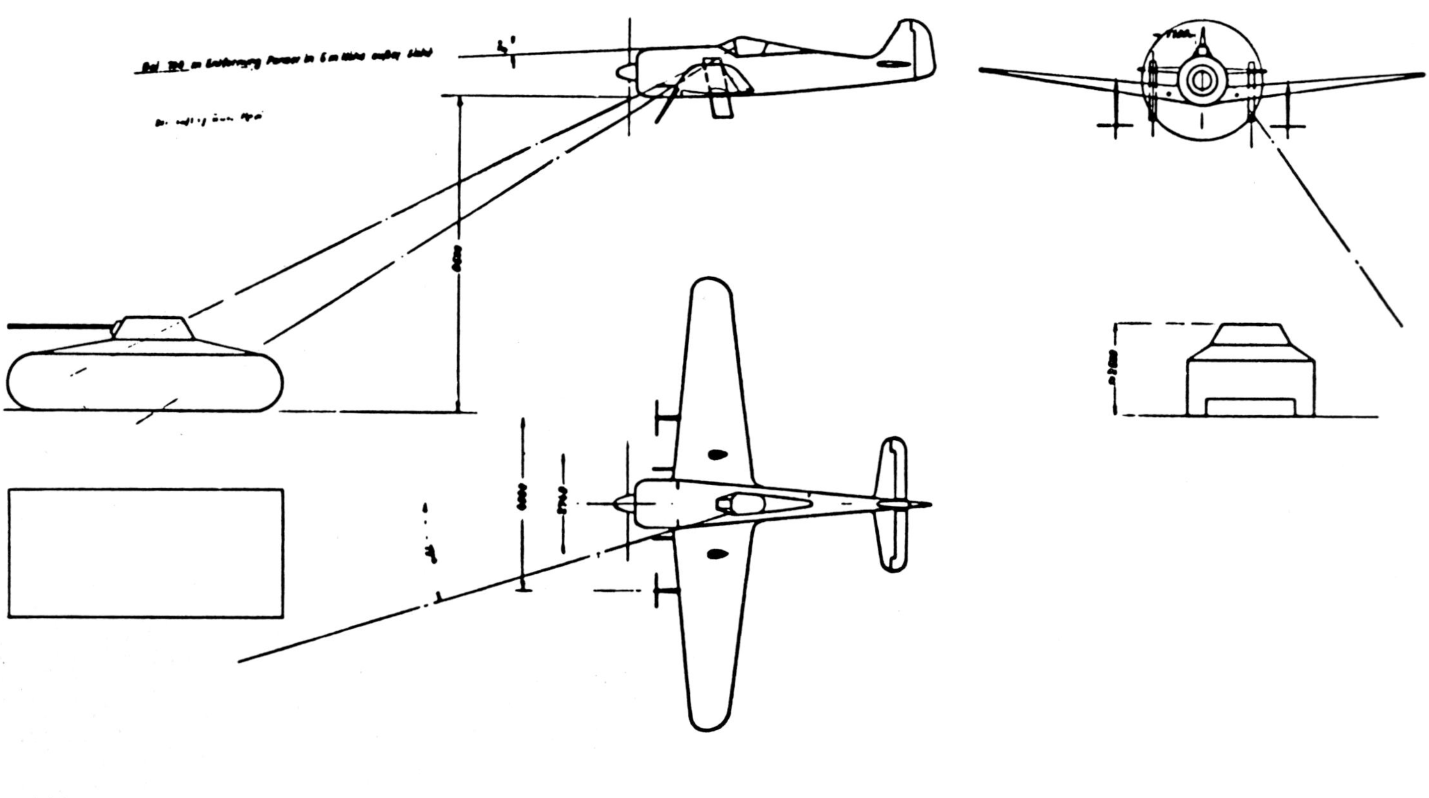